U0701821

新农村建设丛书

电子仪器仪表装配技术

张万义　主编

吉林出版集团股份有限公司

吉林科学技术出版社

图书在版编目（CIP）数据

电子仪器仪表装配技术 / 张万义主编 . —

长春：吉林出版集团股份有限公司，2007.9（2025.1重印）

（新农村建设丛书）

ISBN 978-7-80720-743-6

Ⅰ . 电 ... Ⅱ . 张 ... Ⅲ . ①电子仪器 - 装配 - 基本知识 ②电工仪表 - 装配 - 基本知识 Ⅳ . TM930.5

中国版本图书馆 CIP 数据核字（2007）第 143175 号

电子仪器仪表装配技术
DIANZI YIQI YIBIAO ZHUANGPEI JISHU

主 编	张万义	
责任编辑	沈 航	
开 本	850mm×1168mm　1/32	
字 数	133 千	
印 张	5.375	
版 次	2007 年 9 月第 1 版	
印 次	2025 年 1 月第 15 次印刷	
印 刷	三河市元兴印务有限公司	

出 版	吉林出版集团股份有限公司
	吉 林 科 学 技 术 出 版 社
发 行	吉林出版集团股份有限公司
社 址	吉林省长春市福祉大路 5788 号
邮 编	130000
电 话	0431-81629968
电子邮箱	11915286@qq.com
书 号	ISBN 978-7-80720-743-6
定 价	29.80 元

AI实践导师
7*24小时在线 带你学习实用知识

在线阅读
AI电子书 随时随地查阅

技术讲解
视频在线看 轻松掌握技巧

惠农指南
政策细解读 助力高效发展

"码"上开启 致富之路 ——

长本事 换脑筋
多挣钱 少吃亏

出版说明

    "新农村建设丛书"是一套针对"农家书屋""阳光工程""春风工程"专门编写的丛书，是吉林出版集团组织多家科研院所及千余位农业专家和涉农学科学者倾力打造的精品工程。

    丛书内容编写突出科学性、实用性和通俗性，开本、装帧、定价强调适合农村特点，做到让农民买得起、看得懂、用得上。希望本套丛书能够成为一套社会主义新农村建设的指导用书，成为一套指导农民增产增收、提高自身文化素质、更新观念的学习资料，成为农民的良师益友。

目　录

第一章　装配前的准备 ……………………………………… 1

　第一节　图样及技术资料 ……………………………… 1

　第二节　常用工具和设备 ……………………………… 23

第二章　一般部件装配 ……………………………………… 51

　第一节　零部件的清理和预处理 ……………………… 51

　第二节　装配 …………………………………………… 53

第三章　晶体管的结构及工作原理 ………………………… 73

　第一节　半导体基础知识 ……………………………… 73

　第二节　晶体二极管 …………………………………… 77

　第三节　晶体三极管 …………………………………… 84

　第四节　集成电路简介 ………………………………… 91

第四章　晶体管放大电路的构成与调试 …………………… 97

　第一节　放大器的基本概念 …………………………… 97

　第二节　单管放大电路的构成 ………………………… 101

　第三节　多级放大器 …………………………………… 109

　第四节　差动式放大器 ………………………………… 115

　第五节　反馈放大器 …………………………………… 118

　第六节　放大器的调试 ………………………………… 120

　附录:振荡电路简介 …………………………………… 124

第五章　示波器的原理及应用 ……………………… 131

第一节　示波器的用途及组成 ………………… 131

第二节　示波器各部分简介及显示原理 ……………… 133

第三节　示波器的使用方法及注意事项 ……………… 140

第四节　常用示波器的主要性能 ……………… 142

第六章　直流稳压电源 ……………………………… 147

第一节　概述 ……………………………… 147

第二节　整流及滤波电路 ………………………… 149

第三节　稳压电路 ……………………………… 158

第一章　装配前的准备

第一节　图样及技术资料

一、一般零部件图和简单的电器原理图

图样是现代化工业生产的重要技术文件，看零部件图和电器原理图是技术工人必备的基本技能。

（一）三视图知识

1. 基本几何三视图　几何体、机件向基本投影面投影所得的视图称基本视图。三视图是指：主视图——由前向后投影所得的视图，俯视图——由上向下投影所得的视图，左视图——由左向右投影所得的视图。基本几何体的三视图见表 1-1。

表 1-1　基本几何体的三视图

名　称	定　义	投　影　特　征
棱　柱	有两个面互相平行，其余各面都是四边形，并且每相邻两个四边形的公共边都互相平行，由这些面围成的几何体叫棱柱	
棱　锥	有一个面是多边形，其余各面是有一个公共顶点的三角形，由这些面围成的几何体叫棱锥	

名　称	定　义	投 影 特 征
圆　柱	以矩形的一边为旋转轴，其余各边旋转而形成的曲面所围成的几何体叫圆柱	
圆　锥	以直角三角形的一直角边为旋转轴，其余各边旋转而形成的曲面所围成的几何体叫圆锥	

2. 零件图的识读　零件图样如图 1-1 所示，选用轴承套零件图为例，看零件图的一般步骤如下：

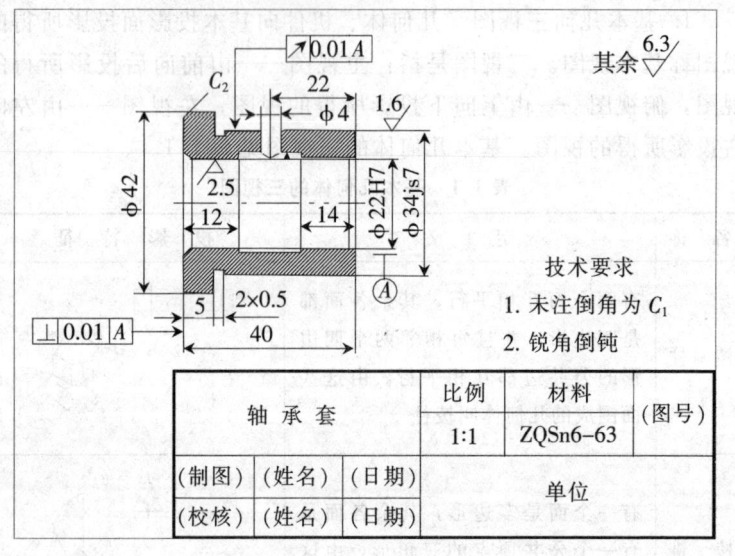

图 1-1　轴承套

（1）看标题栏　从标题栏可以看出，零件的名称是轴承套；材料为 ZQSn6－63（铸造锡青铜）；比例 1：1，说明实物与图样尺寸相等。

（2）分析视图　该轴承套只有一个主视图，并用全剖表达的方法，清楚地显示轴承套的几何形状，即内孔中间尺寸大、两端尺寸小且相等。轴承套外圆上的孔为通孔。

（3）分析尺寸　在尺寸方面从图中可以看出，4个径向尺寸均以孔的轴心线为标注尺寸的基准，长度方向以轴承套两端为主要尺寸基准，外圆台阶面为辅助尺寸基准，这样既有利于加工，也便于测量。

图中用尺寸公差带标注的尺寸均为重要尺寸，其偏差可在孔的极限偏差表中查出。如图中的 $\phi22H7$，可在孔的极限偏差表中查出它的极限偏差分别为 $+0.021$ mm 和 0 mm，即 $\phi22H7^{0.021}_{0}$；$\phi34js7$，可在轴的极限偏差表中查出它的极限偏差分别为 $+0.015$mm和-0.010 mm，即 $\phi34js7^{+0.015}_{-0.010}$。

形位公差 $\boxed{\perp \mid 0.01 \mid A}$ 表示轴承套左端面对基准 A（$\phi22$mm 孔 的 轴 线 ）的 垂 直 度 误 差 值 不 大 于 0.01 mm。

$\boxed{\nearrow \mid 0.01 \mid A}$ 表示轴承套 $\phi34$ mm 外圆对基准 A（$\phi22$mm 孔的轴线）的径向圆跳动误差不大于 0.01 mm。

表面粗糙度和尺寸精度有密切关系，尺寸精度要求越高，表面粗糙度值越小，反之值越大。该轴承套 $\phi34$ mm 外圆的表面粗糙度 Ra 的值为 1.6μ m，内孔 $\phi22$ mm 表面粗糙度 Ra 的值为 2.5μ m，其余 Ra 值为 6.3μ m。

（4）看技术要求　技术要求中未注倒角的为 C_1，说明该轴承套内孔两端和 $\phi34$ mm 外圆端部倒角均为 C_1。$\phi42$ mm 外圆右端需锐角倒钝。

（二）电器原理图知识

电器原理图亦称电路图，它详细说明了产品各元器件、各单元之间的工作原理及其相互间的连接关系，是设计、编制接线图和研究产品的原始资料，在装接、检查、试验、调整和使用产品时，与接线图一起使用。

1. 电路图的画法　这里以一个简单的放大器电路为例，说明原理图的画法、识图要点及应注意的事项。

（1）了解放大器的功能、组成及其基本要求。

（2）理解直流工作点（又称静态工作点）的建立及放大基本原理。

（3）电路图的画法及优化。

双电源电路如图 1-2 所示，在这个电路中有两个电源 U_{bb} 和 U_{cc}。这两个电源是放大器能源，在电路中的接法必须保证集电结为反向偏置，发射结为正向偏置。

在实际应用时，双电源电路中两个电源的任务可以用一个电源来完成。设 $U_{bb}=U_{cc}$，用导线将它们的正极连接起来就可省去 U_{bb}。此时，U_{cc} 既是集电极电源，也是基极电源。实际电路工作中要求 $U_{cc}>U_{bb}$，解决这个问题的方法只需适当地增大 R_b 的值，维持原来设置好的 I_b 不变即可。

在放大电路中，常把输入电压、输出电压以及直流电源 U_{cc} 的公共端称为"地"端，用符号"⊥"表示。实际上，这一端并不一定真正接到大地上，只是以公共端为零电位点（参考电

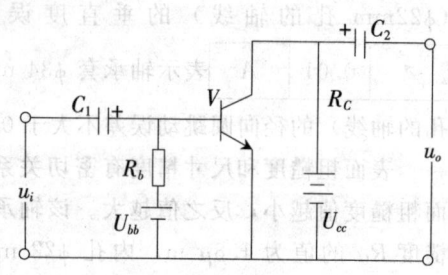

图 1-2　双电源电路

位），这样电路中某一点的电位就是指该点对地端的电位差。因此，电源 U_{cc} 的符号可不再画出，只标出它的数值和极性即可。

电路的简化过程和简化后的电路如图 1-3 所示。

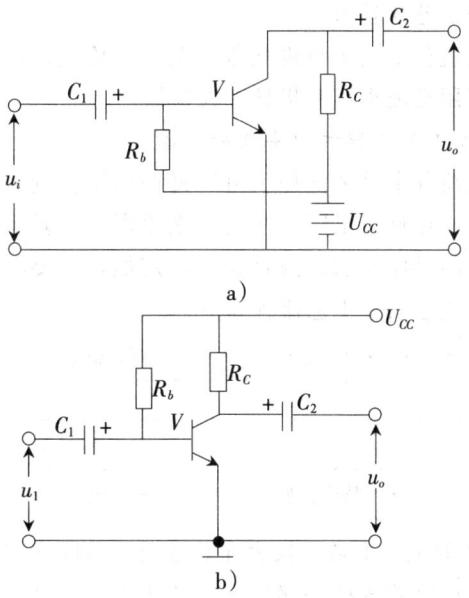

a)

b)

图 1-3　单电源电路

（4）放大器由下列元器件组成　一是 U_{cc} 为直流电源，它为放大器提供能源，给集电结加上一个反向偏置，给发射结加上一个正向偏置，一般为几伏到几十伏。二是 R_b 为基极偏置电阻，它的作用是将 U_{cc} 降压后加到晶体管的基极，为晶体管提供一个合适的、固定的基极偏置电流。三是 R_c 为集电极负载电阻，它的作用是将三极管集电极电流的变化转换成电压的变化。四是 C_1、C_2 为耦合电容，它们有两个作用：隔断直流（使静态工作点不受影响）和传导交流信号（电容对交流信号的容抗很小）。一般应用中 C_1、C_2 选用电解电容。

2. 注意事项

（1）符号大小和线条粗细应一致。

（2）图形符号中的文字符号、单位代号应完整并符合相关标准。

（3）电路图布局应符合《电气制图的一般规则》的原则要求。

二、装配工艺流程卡

装配工艺流程卡用于整机准备、调试、检验、包装入库全过程，一般直接用在流水线上指导工人操作。

（一）装配工艺流程卡的要求和内容

装配工艺流程卡是装配加工时所遵循的工艺规程，详细规定了由什么部门，在哪道工序，使用什么手段、工具、设备，以及进行每道工序的具体要求、内容和工时定额，必要时可附工序简图。一个生产线总装配工艺流程如下：

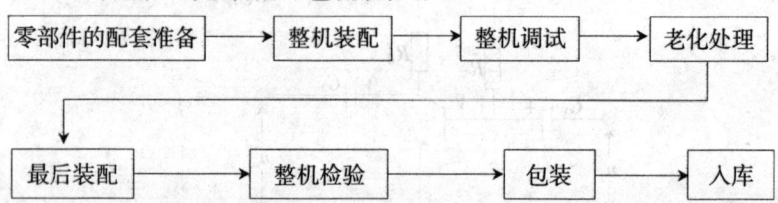

1. **零部件的配套准备**　仪表在总装前，车间库房根据计划对装配过程中所需要的各种零部件按工艺要求、型号、规格、数量分批号发到装配班组，各种零部件必须检验合格，否则不能发放到车间班组。

2. **整机装配**　整机装配是将合格的零部件（半成品）按图样、工艺、技术条件，通过螺接、铆接、焊接、粘结、轴套连接等各种方法组装在一起。

（1）整机装配之前，一般先进行面板组件加工，如喷漆、丝印、阳极化等，然后根据工艺要求将需要安装的开关、控制元件、读数显示装置、指示灯等装配到面板上，装配后应对其外观进行检查。

（2）在装配前要按工艺要求将单元线路板上的元器件全部连接完毕，焊接（波峰焊）应符合技术要求，单元线路板要经过检验，合格后才能送交下一工序。

（3）整机内元件、部件之间的连接，除插接连接，有的还需要在元器件、零部件装配后进行焊接。

3. **整机调试**　将面板、单元线路板，及其他部件安装到位后，应进行调试，要保证各项技术指标符合设计要求，调试不合格的整机应重新调整，直到符合指标要求为止。在自动化仪表中，调节其整机调试中的设定值、PV 缓冲、指示值等是提高输入阻抗、实现电平移动、影响设备性能的重要指标，调试要求更为严格。

4. 老化处理　高温老化需要有一定的工艺措施保证，并按一定的工艺要求进行，从而达到规定的目的。如 EK 自动化仪表的老化处理，一般要求温度为 50℃ 左右（包括通电老化），老化时间为 $48h$。

5. 最后装配　指将组装合格的设备，装接在合格的外壳中，构成完整的整机。最后装配的内容还包括检查内部有无异物、外壳有无划痕，同时进行绝缘和耐压试验及最后调试。

6. 整机检验　由车间检验员完成，检验以下内容：

（1）外观检验，要求表面无划痕，字迹清晰，部件齐全。

（2）各种开关、功能键灵活自如，无阻滞现象。

（3）各种指示装置及旋钮开关等与面板的配合不能太松。

（4）输出各项指标应符合技术条件。

经上述检验合格后，检验员应给整机挂上合格证并盖上检验员工号章，然后交给包装组。

7. 包装　检验合格后的整机应擦干净，拴好合格证，检查整机附件是否完整齐备，然后用防水胶带纸、封条将箱外部底缝粘贴牢固，再将整机、干燥剂、使用说明书、装箱单装入包装箱内，说明书、装箱单等可单装塑料袋，装箱时应在箱内放些起减振作用的垫块保护产品。根据包装工艺将箱封死后，在箱壁上填写产品型号、规格、数量、编号、到站、收货单位等内容。

8. 入库　根据移交手续将包装好的仪表入库。

（二）查阅和使用装配工艺流程卡

整机装配在生产过程中是极为重要的，如果安装工艺工序不正确，就会影响产品的质量、进度和技术指标。因此，要掌握根据产品的型号、规格，查阅配套的工艺流程卡的方法。工艺流程卡又分准备、元器件老化筛选、元器件插装及其零部件的安装、焊接、总装 5 个流程。每一流程还可分为若干工序，如准备流程可分四道工序：工序一，绝缘导线加工；工序二，线扎的制作；工序三，元器件成型；工序四，浸锡。

产品的总装工艺过程因产品的复杂程度和产量多少的不同而有所区别，装配工应根据装配工艺流程卡进行操作。装配工艺流程卡阐明了每一流程、每道工序的操作内容和操作顺序，能够正确指导工人进行操作。例如，某开关触头工序装配过程为：工步一，按示图位置插触头（尖嘴钳）；工步二，用铆触头夹具将触头铆接牢固（铆触头夹具 UJ××－15－夹）；工步三，将铆好触头的支座装入盛器内，触头的头部应朝上，不能与盛器箱及其他物品接触（通用塑料盛器 $T-1400-$ 盛/3），触头表面不能擦毛。装配工必须在固定时间内按规定要求准确无误地完成每道工序。在分配每道工序的工作量时，应留有适当的余量，以保证铆接质量。装配工根据分配的工序查看这道工序所需的工具、设备、时间及工艺要求，进行规范操作，使本道工序和其他工序配合密切，使整体生产协调。

三、工艺文件的种类及格式

工艺文件是组织与指导生产开展工艺管理的各种文件的总称，也是生产技术交流的依据，是根据相关国家标准制定的"工程语言"文件。

（一）工艺文件的种类

工艺文件大体分两种：一种是通用工艺规程文件，是工人应知应会的基础；另一种是工艺图样。工艺文件用来具体安排生产和指导生产，使生产过程有条不紊，发生问题也有据可查。

（二）工艺文件的格式

常用的工艺文件格式有以下 8 种：

1. 工艺文件封面（见表 1-2） 主要内容有厂名（公司名）、产品型号、文件名称、编号、编制、审核、批准等。

表 1-2 工艺文件封面

工 艺 文 件

产品型号_____

文件名称_____

编　　号_____

编　制_____　　审　核_____　　会　签_____

标准化_____　　审　定_____　　批　准_____

公　司

2. 工艺卡片目录　见表 1-3，主要内容有代号、名称、页数等。

3. 工艺路线表　见表 1-4，该表是产品整件、部件、零件在加工准备过程中的工艺路线简明显示。

4. 装配工序过程卡　见表 1-5，它具体规定了产品型号、部件代号、每步工序进行的工作内容等，并确定工时定额。

5. 配套明细表　见表 1-6，它编制了装配的部（整）件所用的零件、部件、整件、材料、元器件及辅助材料清单，主要内容有代号、名称、数量、材料及每台所需数量等。

6. 材料消耗定额表　见表 1-7，该表列出了生产所需原材料（包括外购件、外协件、辅助材料）的定额，在实际生产中还留有一定的生产损耗，它是供应部门、采购部门和财务部门核算成本的依据。

7. 工艺说明及简图卡　见表 1-8，它供画图表及文字说明用，也可供编制规定格式使用。

8. 工艺文件更改许可单（通知单）　见表 1-9，该许可单对工艺文件内容做永久性修改时用。要注明产品型号名称、工艺文件名称、更改实施日期、更改原因，填写具体更改的内容等，并永久存档。

表 1-3 工艺卡片目录

工艺卡片目录								编　号	
								共　页	第　页
序　号	代　号	名　称	总页数	页　数	序　号	代　号	名　称	总页数	页　数
通知单号	标记	更改内容	签名	日期	签名	日期	签名		日期
				绘制		审核		
				描图		审定		
				会签		批准		

表 1-4 工艺路线表

工艺路线表														产品型号			共　页
														产品名称			第　页
序号	图号	名称	材料库	车　间							热处理	电镀	喷漆	绕线	半成品库	车　间		成品库	备注
				外协	冲压	刨铣磨	机钳	铸钳	塑压	木工						部装	总装		
通知单号	标记	更改内容	签名	日期	签名		日期	签名			日期								
				绘制			审核												
				描图			审定												
				会签			批准												

表 1-5　装配工序过程卡

| 装配工序卡片 | | 产品型号 | 部件代号 | | |
| 装配工序卡片 | | 产品名称 | 部件名称 | 共　页　第　页 | |

工步号	工步内容	工作时间		设备及装置			停留时间	条件及参考	工具及模具
		准备	工作	名称及型号	占用时间	数量			
							编审（日期）	审核（日期） 会签（日期） 标准化（日期） 审定（日期）	
标记	处数	更改单号	签名	日期	标记	处数	更改单号	签名	日期

表 1-6　配套明细表

序号	代号	幅面	名称	所属装配		单件净重	材料	每台所需数量				附注
				代号	数量							
						编制						
						校核				图样标记	共　张第　张	
						标准化			配套明细表			
						审定						
标记	处数	更改单号	签名	日期	标记	处数	更改单号	签名	日期			

表 1-7 材料消耗定额表

材料消耗定额表								产品型号			共 页

工 种								产品名称			第 页

序号	零部件		材料					毛坯加工切口需要总长度	步距	定额重量（g）			利用系数（%）	备注
	图号	名称	每台件数	名称	牌号	标准	备料尺寸	要求			单件净重	单件定额	每台定额	

通知单号	标记	更改单号	签名	日期	签名	日期	签名	日期
					编制		审定	
					描图		审核	
					校对		批准	

表 1-8 工艺说明及简图卡

		名　　称	编号或图号
	工艺说明及简图		
		工序名称	工序编号

使用性								
旧底图总号								

底图总号	更改标记	数量	文件名	签名	日期	签名	日期	第　　页
						拟制		
						审核		共　　页
日期　签名								
								第　册第　页

表 1-9 工艺文件更改许可单（通知单）

工艺文件更改许可单							编 号：	
							共 张	第 张
产品型号名称		工艺文件名称		更改实施日期			分 送 单 位	
更 改原 因								
零件代号	零件名称	原为	现改为	更改标记	更改处数	制品处理		
							会 签	
							检查	
							生产	
							供应	
							车间	
							备 注	
编制		审核		标准化		审定	批准	

四、常用电气元器件

（一）电阻器与电位器

1. 电阻器（电位器）的命名　根据国家标准，电阻器（电位器）的型号由以下几部分组成，各部分组成的意义见表 1-10 及表 1-11。

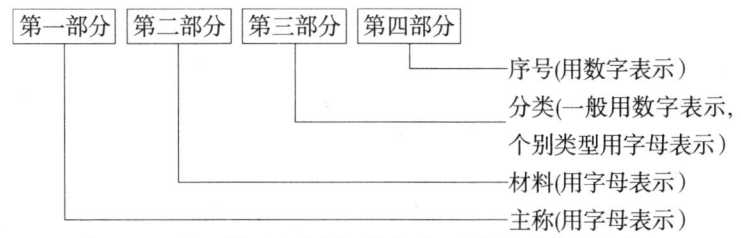

表 1-10　电阻器（电位器）的主称、材料和分类符号意义

第一部分		第二部分		第三部分		
符号	意义	符号	意义	符号	意义	
R	电阻器	T	碳膜	1	普通	普通
R_P	电位器	J	金属膜	2	普通	普通
		Y	氧化膜	3	超高频	—
		H	合成膜	4	高阻	
		C	沉积膜	5	高阻	—
		S	有机实芯	6	—	
		N	无机实芯	7	精密	精密
		X	线绕	8	高压	特种函数
		I	玻璃釉膜	9	特殊	特殊
				G	高功率	—
				T	可调	
				W		微调
				D	—	多圈
				X		小型

表 1-11 敏感电阻器（电位器）的种类及命名意义

主 称		材 料		分 类				
					意 义			
符号	意 义	符号	意 义	符号	负温度系数	正温度系数	光敏	压敏
R	电阻器	F	负温度系数热敏材料	1	普通	普通		碳化硅
R$_P$	电位器	Z	正温度系数热敏材料	2	稳压	稳压		氧化锌
		G	光敏材料	3	微波			氧化锌
		Y	压敏材料	4	旁热		可见	
		S	湿敏材料	5	测温	测温	可见	
		C	磁敏材料	6	微波		可见	
		L	力敏材料	7	测量			
		Q	气敏材料	8				

2. 电阻器的性能和使用

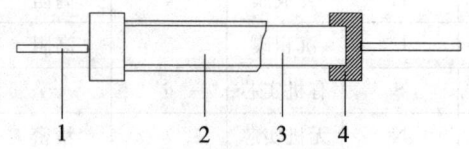

图 1-4 常用电阻器的构造

1. 引出线 2. 保护层 3. 骨架 4. 电阻体

（1）电阻器的基础知识 电流通过导体时会受到一定的阻力，这种导体对电流的阻力作用称为电阻，利用导体的这种性质做成的器件就称为电阻器。普通常用电阻器构造如图 1-4 所示，它由骨架、电阻体、引出线、保护层四部分组成。

（2）电阻器的分类 按电阻器构成材料的不同可分为线绕电阻器、薄膜电阻器、合金型电阻器、合成型电阻器等，按结构可分为固定电阻器、可变电阻器和电位器等。电阻器的分类如图 1-5 所示。

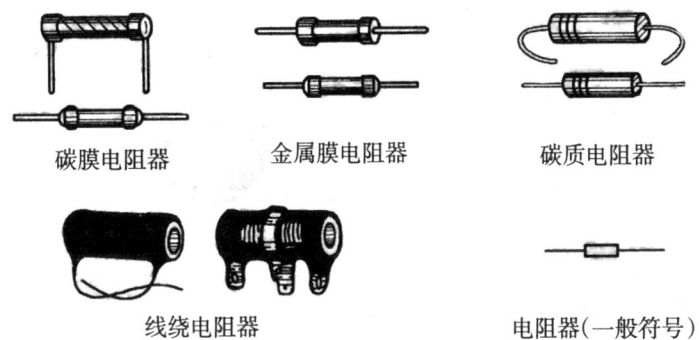

碳膜电阻器　　　金属膜电阻器　　　　碳质电阻器

线绕电阻器　　　　　　　电阻器(一般符号)

图 1-5　电阻器的分类及一般符号

（3）电阻器的性能　　电阻器在电路中起控制和调节电流的作用，可用作分流器、分压器等，如图 1-6 所示。

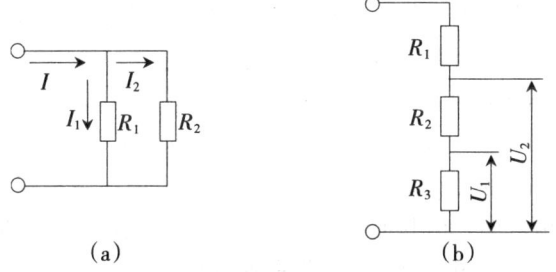

图 1-6　分流器和分压器

（a）分流器　　（b）分压器

（4）电阻的选择和使用　　由于电阻器的结构材料不同，所以其性能有一定差异。因此，在选择和使用电阻器时，必须掌握各种电阻器的特点，以满足不同的需要。

① 金属膜电阻（型号 R_J）　　阻值范围大，温度系数小，稳定性好，噪声低，相同功率情况下体积比碳膜电阻小，但价格稍贵，常用于要求低噪声、高稳定性的电路中。

② 线绕电阻（型号 R_X）　　阻值范围在 $0.01\Omega \sim 10M\Omega$，可以

制成精密型和功率型电阻，所以常在高精度和大功率电路中使用。其自身电感和分布电容较大，不适合在频率高的电路中使用。

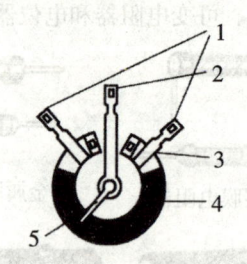

图 1-7 电位器的构造
1. 电阻片接线端 2. 滑动片接线端
3. 镀银端 4. 碳膜电阻片 5. 滑动片

③ 碳膜电阻（型号 R_T） 阻值范围大，各项性能参数都不如金属膜电阻，但其价格低廉。由于碳膜电阻的阻值误差较大、不稳定、体积大、噪声大，因此目前已很少使用。

④ 金属氧化膜电阻（型号 R_Y） 对脉冲及高频有极好的过负荷性能，力学性能好，化学性能稳定，但其阻值范围小，温度系数比金属膜电阻差，常用于一些恶劣的工作环境中。

⑤ 金属玻璃釉电阻（型号 R_I） 具有较高耐热性和耐潮性，功率大、温度系数小、阻值范围宽。常用它制成小型化贴片电阻。

⑥ 实芯电阻（型号 R_S） 过负荷能力强、不易损坏、可靠性高、价格低廉，但其他性能参数较差，阻值范围在几欧姆到二十几兆欧姆，常用在要求可靠性高的电路中。

⑦ 合成膜电阻（型号 R_H） 阻值范围在几十欧姆到几千兆欧姆，主要用来制造高压高阻电阻器。

⑧ 电阻排 又称集成电阻，是在一块基片上制成多个参数和性能一致的电阻，连接成电阻网络，常在计算机等数字电路上使用。

⑨ 熔断电阻 又称水泥电阻，具有普通电阻器的电气特性，但是当电路发生故障，出现过电压或过电流时，熔断电阻在规定时间内熔断开路，从而起到保护作用。熔断电阻常用陶瓷或白水泥封装，内有热熔性电阻丝。

⑩ 敏感电阻 是使用不同材料和工艺制造的半导体电阻，其

阻值受温度、光照度、湿度、压力、磁通量、气体浓度等物理量的影响而发生变化，这种电阻统称为敏感电阻，根据其敏感的物理量分别称作热敏电阻、光敏电阻、湿敏电阻等，广泛用于自动化控制电路和保护电路中。

3. 电位器的作用和使用

（1）电位器的基础知识　电位器实际上是一个滑动可变的电阻，靠一个电刷（动接触点）在电阻体上移动而获得不同的电阻值。在电路中使用电位器时，可以取出与电刷位移成一定比例关系的输出电压。

（2）电位器的构造　电位器一般有 3 只引脚，若带中心抽头则有 4 只引脚。单联电位器一般都只有一个滑动臂，其余为固定臂。常见电位器构造如图 1-7 所示。

（3）电位器的分类　电位器种类很多，按材料可分为碳膜电位器、线绕电位器、金属膜电位器、有机实芯电位器等，按结构可分为单圈电位器、多圈电位器、单联电位器、双联电位器、带开关电位器等，按调节方式可分为推拉式、直滑式、旋转式，按阻值变化规律分线性型、对数型、指数型等。

（4）电位器的作用　电位器在电路中一般作分压器和变阻器使用，如图 1-8 所示。

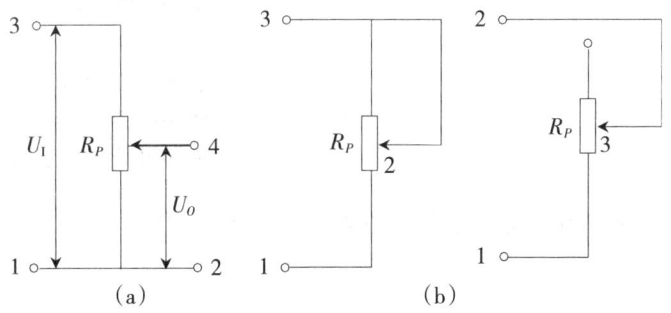

图 1-8　分压器和变阻器

（a）分压器　（b）变阻器

（5）几种常用电位器的特点

① 合成膜电位器（型号 WTH）　阻值范围宽、分辨率高、成本低，但使用寿命较短，对湿度和温度适应性差，广泛应用在电视机、收音机、音响等家电产品中。

② 有机实芯电位器（型号 WS）　阻值范围宽、分辨率高、耐高温、体积小、寿命长、可靠性高，但耐压偏低、噪声较大、转动力矩大，多用于对可靠性有较高要求的电器上。

③ 线绕电位器（型号 WX）　稳定性好、温度系数小、噪声小、耐压高、精度易于控制、相对额定功率大，但易产生分布电容或电感，高频特性差。其阻值范围小、分辨率低。

电位器除以上 3 种，还有可作大范围、高精度调整的多圈电位器，高性能、高耐磨的导电塑料电位器，带驱动马达的电位器等。

（二）电容器

1. 电容器的命名　根据国家标准，电容器的型号由以下几部分组成：

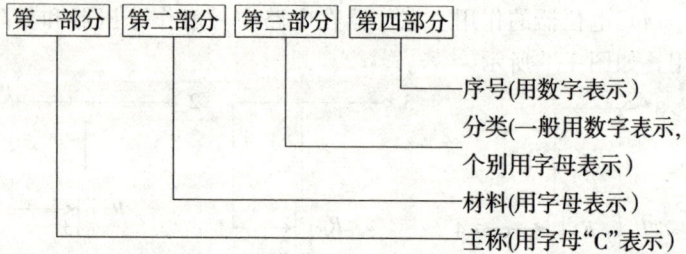

电容器命名方法及各部分的意义见表 1-12。

表 1-12 电容器的命名方法及各部分的意义

主　　　称		材　　料		分　　　类				
符号	意义	符号	意　　义	符号	意　　　义			
					瓷介电容	云母电容	电解电容	有机电容
C	电容器	C	高频瓷介	1	圆片	非密封	箔式	非密封
		Y	云母	2	管形	非密封	箔式	非密封
		Z	纸介	3	叠片	密封	烧结粉固体	密封
		J	金属化纸介	4	独石	密封	烧结粉固体	密封
		B	聚苯乙烯薄膜	5	穿心	—	—	穿心
		L	聚酯涤纶薄膜	6	支柱	—	—	—
		D	铝电解质	7	—	—	无极性	—
		A	钽电解质	8	高压	高压	—	高压
		N	铌电解质	9	—	—	特殊	特殊
				G	高功率			
				W	微调			

2. 电容器的基础知识　被绝缘物隔开的两个导体，具有存储电荷的性能，利用这一性能，把用绝缘物质隔开的两个导体所构成的器件叫作电容器，最简单的平行板电容器结构如图 1-9 所示。

实际的电容器大多是由两条金属箔（或金属膜）中间隔以空气、纸、云母、塑料薄膜和陶瓷等绝缘物质构成。这些绝缘物质称为电容器的介质。

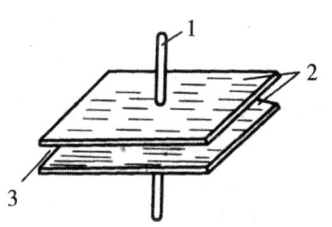

图 1-9　平行板电容器结构
1. 电极　2. 极板　3. 绝缘介质

3. 电容器的分类　电容器有不同的分类方法，如按结构可分为固定电容器、半可变电容器和可变电容器，按介质材料不同可分为纸介质电容器、空气电容器、云母电容器、瓷介电容器、玻璃釉电容器和涤纶电容器等。由于结构和材料不同，因此电容器的外形也有较大区别。常见的电容器如图1-10所示。

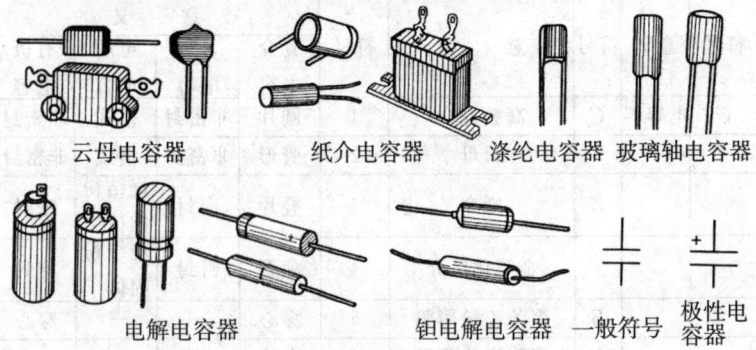

云母电容器　　　　纸介电容器　　　涤纶电容器　玻璃轴电容器

电解电容器　　　　　钽电解电容器　一般符号　极性电容器

图 1-10　常见的电容器及电容器的电路符号

4. 电容器的特点及应用　电容器具有阻止直流电流通过、允许交流电流通过的特点，因此，在电子电路中主要用作隔直流、耦合、滤波和构成谐振回路的元件。

以下为常见电容器的特点及使用：

（1）瓷介电容器（C_C）　是以陶瓷为介质的电容器，制造容易、成本低廉、安装方便。根据介质参数不同，瓷介电容器又可分为高频瓷介电容器 C_C 和低频瓷介电容器 C_T。高频瓷介电容器体积小、耐热性好、稳定性高、绝缘电阻大、损耗小，但容量范围窄，适用于脉冲、高频、温度补偿等电路。低频瓷介电容器绝缘电阻小、损耗大、稳定性差，但容量大、价格低廉，适用于低频旁路、耦合等电路。

（2）云母电容器（C_Y）　是以云母作介质的电容器，主要特点是耐压高、性能稳定、可靠性好、容量精度高、温度系数小、损耗小、绝缘电阻高，但工艺复杂、成本高、体积大，主要用于高温、高频、高稳定性的电路中。

（3）玻璃电容器（C_I）　是以玻璃为介质的电容器，其稳定性介于云母电容器和瓷介电容器，能在 200℃ 左右高温下长期稳定工作，是具有防潮和抗振性、成本低、体积小、性能可靠的电容器，一般可制成贴片元件，在高密度电路中使用。

（4）纸介电容器（C_Z）　是以纸作为绝缘物质的电容器，其特点是制造成本低、容量范围大、耐压高，但体积大、绝缘电阻小，可用于直流或低频电路中，目前已很少使用。

（5）电解电容器　以金属氧化膜为介质，用金属和电解质作为电容器两极，电解质为负极，金属为正极。其最大特点是容量范围很大、有正负极性，缺点是漏电流较大、容量误差大。根据选用材料不同，电解电容器又分为铝电解电容器（C_D）和钽电解电容器（C_A）等。

① 铝电解电容器　是以铝金属为阳极，常以圆筒状铝壳封装。其优点是容量范围大、价格低廉，缺点是漏电流大、介质损耗大、绝缘性能差、温度频率特性不好、电解液易干涸老化不耐用、额定直流工作电压低，一般在几伏至几百伏，适用于电源滤波和低频旁路、耦合等电路。

② 钽电解电容器　与铝电解电容器相比，其体积小、性能稳定、温度特性好，还具有寿命长、绝缘电阻大、漏电流小等特点，但生产成本高、频率特性差、额定工作电压低。钽电解电容器主要用于电性能要求较高的电路，如积分、计时、延时开关电路等。

（6）有机薄膜电容器　其介质材料为有机薄膜。有机薄膜电容器种类很多，最常见的有涤纶薄膜、聚丙乙烯薄膜、聚苯乙烯薄膜等。此种电容器容量范围大，稳定性不够高。常见的涤纶薄膜电容器体积小，耐热和耐湿性能好，适合做低频旁路电容。

第二节　常用工具和设备

一、常用工具

（一）钳工工具

1. 尖嘴钳　也叫尖头钳，主要用来绕接导线和元器件的引脚,也可用来夹持小零件、在焊接时帮助夹持元器件的引线等。用尖嘴钳可将独股导线及元器件的引脚弯折成型,也可用其刀口部分剪断细金属线和元器件引脚等。尖嘴钳可分长尖嘴钳和普通尖嘴钳,如图 1-11 所示。两种尖嘴钳又有绝缘柄和铁柄、带刀口和不带刀口几种类型。钳身长有 130 mm、160 mm、180 mm、200 mm 等几种,一般钳身长 160 mm 带塑胶绝缘柄的尖嘴钳最常用。带有刀口的尖嘴钳主要不是用来剪切的,只能剪切一些细金属线,不宜剪切直径稍大的线材。在生产中,为了提高效率和使用方便,在尖嘴钳两柄之间安装弹簧,以便在手的握力放松时,两柄自动张开,以减轻手的疲劳。尖嘴钳的握法有平握法和立握法两种。

(a)   (b)

图 1-11　尖嘴钳

(a) 普通尖嘴钳　(b) 长尖嘴钳

使用尖嘴钳应注意以下问题:

第一,尖嘴钳的塑料手柄不能破损、裂开,以防止带电操作时对人造成电击伤害。

第二,不能将尖嘴钳当锤子使用,以免断裂损坏。

第三,操作中,不允许用尖嘴钳装卸螺母,以防磨损牙口。

第四,温度在 80℃ 以上时不宜使用尖嘴钳,以防塑料柄老化。

第五,不要用尖嘴钳夹断较粗及较硬的金属导线,以防钳口断裂。

第六,尖嘴钳头是经过淬火处理的,所以不宜在锡锅或高温的地方操作,以防降低钳头的硬度。

2. 偏口钳　又名剪线钳,一般用来剪切导线和元器件的引脚。在实际使用中，也同样在两柄之间装上弹簧，以减轻手的疲劳。偏口钳外形如图 1-12 所示。

 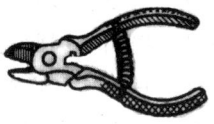

图 1-12　偏口钳外形

使用偏口钳应注意以下问题：

第一，在剪切时，钳口要朝下，切忌双眼直视被剪物，以防断头崩伤眼睛。

第二，严禁用偏口钳剪切较粗的钢丝、螺钉和其他金属硬物。

3. 镊子钳　用来夹取小的元件，如螺钉、垫片等细小物品，在焊接时可以用于固定被焊物体，以防移动。此外，其还可夹住棉纱，用来蘸酒精清洗焊点及元器件上的污物。

镊子钳一般有钟表镊子钳和医用镊子钳两种。在电子仪器仪表装配中，常使用的是弹性较强、尖端合拢较正的钟表镊子钳。两种镊子钳如图 1-13 所示。

（a）　　　　　　　　　　　　（b）

图 1-13　镊子钳

（a）钟表镊子钳　　　（b）医用镊子钳

（二）紧固工具

1. 螺钉旋具　俗称为改锥、螺丝刀，主要用来紧固和拆卸螺钉和其他各种调节部分的螺钉或顶丝等。螺钉旋具因其用途、使用方法不同，也各有不同的种类。

图 1-14　一字形螺钉旋具

（1）一字形螺钉旋具　主要用来旋转或紧固一字形槽的机螺

钉、木螺钉或自攻螺钉等。因一字形螺钉大小不一、槽口宽窄各不相同，使用中应选择大小对应的一字形螺钉旋具。由于一字形螺钉旋具刀口宽窄、薄厚不同，在操作中对准性差、易打滑、易使螺钉槽口被损伤，因此目前使用范围逐渐减小，取而代之的是十字形螺钉旋具。一字形螺钉旋具如图 1-14 所示。

（2）十字形螺钉旋具　用来旋转或紧固十字形槽的机螺钉、木螺钉、自攻螺钉等，其旋杆端口为十字形，长短、刃口大小也各不相同，所以在操作中要合理选择旋转端口大小，使之与螺钉槽口相吻合，各种不同外形的十字形螺钉旋具如图 1-15 所示。

图 1-15　十字形螺钉旋具

（3）自动螺钉旋具　在其手柄内装有螺钉杆、弹簧、开关等装置，操作时只要适当用力顶住旋杆旋具头即可自动旋转，方向可任意选择，使用

图 1-16　自动螺钉旋具

非常方便，能降低劳动强度，提高工效。自动螺钉旋具如图1-16所示。

（4）机动螺钉旋具　分为电动和风动两大类，分别装有电动和风动装置设备，目前广泛用于大批量流水作业的装配线上，可以提高生产效率。机动螺钉旋具的特点是重量轻、体积小、效率高。机动螺钉旋具如图 1-17 所示。风动螺钉旋具的特点是对外界干扰小。小型电动螺钉旋具适用于仪器仪表的小规模螺钉拆装，这种电动螺钉旋具采用 24 V 安全电压供电，电源上设有转速调节装置，根据紧固对象和紧固件的不同要求，可选相应旋杆，并调节电动旋具相应的力矩。风动螺钉旋具的使用及适用范围与小型电动螺钉旋具相似。

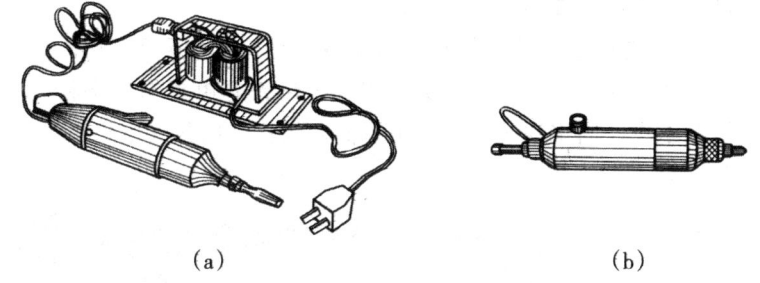

（a） （b）

图 1-17 机动螺钉旋具

（a）电动螺钉旋具 （b）风动螺钉旋具

2. 螺钉旋具使用注意事项

第一，螺钉旋具旋转时，用力要适度、平稳，压和拧要同时用力，不可用力过猛。

第二，选择螺钉旋具时，其端头刀口大小要与螺钉槽相吻合。

（三）剪切工具

在生产装配线上常用的剪切工具是剪刀。剪刀主要用来剪切塑料套管、绑扎线等。在仪器仪表装配中所用的剪刀，其头部短而宽，目的是便于操作时增大剪切力。常用的剪刀如图 1-18 所示。使用剪刀时要注意，不能剪切 1 mm 以上的钢丝及其他金属硬物，以免损坏刀口和破坏两侧剪口的平行吻合。

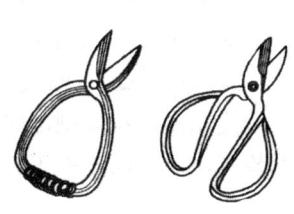

图 1-18 剪刀

（四）焊接工具

电子仪器仪表装配工人在焊接时，常用的工具就是电烙铁。电烙铁体积小、重量轻、操作方便，并能保持一定温度，是一种较理想的小型热源，在锡焊工作中得到广泛应用。

1. 外热式电烙铁 外热式电烙铁由烙铁头、烙铁芯、外壳、木柄、电源引线等部分组成。烙铁头是插入烙铁芯里的，故称为外热式电烙铁，如图1-19所示。

2. 内热式电烙铁　内热式电烙铁如图1-20所示，它由烙铁头、烙铁芯连接杆、手柄等部分组成。烙铁芯由镍铬丝平行绕在瓷管上制成，因烙铁芯在烙铁头里面，故称作内热式电烙铁。

图 1-19　外热式电烙铁　　　　　图 1-20　内热式电烙铁

3. 恒温式电烙铁　恒温式电烙铁的烙铁头温度是可以控制的，根据控制方式不同，有磁控恒温电烙铁和电控恒温电烙铁两种，其原理是利用磁或电来控制通电时间，实现恒温目的。磁控恒温式电烙铁如图1-21所示。

4. 吸锡式电烙铁　吸锡式电烙铁如图1-22所示，这种电烙铁是将活塞式吸锡器与电烙铁融于一体的拆焊工具。在仪器仪表的调试与维修过程中，有时需要从印刷电路板上拆去某个元器件。若采用普通的电烙铁，就很难将印刷电路板上的锡及时清除，使元器件从印刷电路板上很难取下，采用吸锡式电烙铁进行拆装时，这一困难就不存在了。

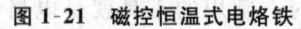

图 1-21　磁控恒温式电烙铁　　　　图 1-22　吸锡式电烙铁

吸锡式电烙铁与普通电烙铁的区别在于其烙铁头是空心的，而且多了一个吸锡装置。操作时，先加热焊点，熔化后通过吸锡装置将锡吸走，使部件或元器件与印刷电路板完全脱离，而且对印刷电路板、元器件不造成任何损坏，从而给维修带来了很大方便。

二、常用元器件的质量

电子仪器仪表装配工作中常用的元器件主要有半导体二极管、半导体三极管、集成电路芯片，以及电阻器、电容器、电感器等。有关半导体二极管、半导体三极管、集成电路芯片的内容在第三章中再做介绍，这里只介绍电阻器、电容器、电感器等的相关知识。

（一）电阻器

1. 标称值和偏差　电阻器的表面都标有电阻值，这个电阻值就是电阻器的标称值，标称值是按标准系列标出的。根据国家标准，一般电阻器的标称系列有 E6、E12、E24，精密电阻标称系列采用 $E48$、$E96$ 等。常见电阻器的标称值为表 1-13 所列数值的 10N 倍，其中 N 为正整数、负整数或零。以 E24 中 1.3 为例，其标称值可为 0.13、1.3、13、130、1.3k、13k、130k、1.3M 等阻值，依此类推。

表 1-13　电阻器的标称系列

系列	偏差	电阻的标称值
E 24	Ⅰ级±5%	1.0；1.1；1.2；1.3；1.5；1.6；1.8；2.0；2.2；2.4；2.7；3.0；3.3；3.6；3.9；4.3；5.1；5.6；6.2；6.8；7.5；8.2；9.1
E 12	Ⅱ级±10%	1.0；1.2；1.5；1.8；2.2；2.7；3.3；3.9；4.7；5.6；6.8；8.2
E 6	Ⅲ级±20%	1.0；1.5；2.2；3.3；4.7；6.8

电阻器标称值和实际值之间允许的最大偏差范围，叫作电阻器的允许偏差。电阻器允许偏差分为三级，一般电阻器为Ⅰ级精度（±5%）、Ⅱ级精度（±10%）、Ⅲ级精度（±20%）。电阻器标称值与允许偏差的标志方法有 4 种：

（1）直标法　是用阿拉伯数字和单位在该产品表面上直接标

志出电阻值和允许偏差的方法，如图 1-23 所示，图中已经标出允许偏差为±5%。

（2）文字符号法　是用阿拉伯数字和规定的文字符号在该产品表面标志阻值和允许偏差的方法，如图 1-24 所示。图中 4k7 表示电阻标称值为 $4.7k\Omega$，J 表示允许偏差±5%。文字符号法中允许偏差的文字符号表示的意义见表 1-14。

$$\boxed{\begin{array}{c} 5.1k\Omega \\ \pm 5\% \end{array}} \qquad \boxed{\begin{array}{c} 4k7 \\ J \end{array}}$$

图 1-23　电阻器直标法　　　　图 1-24　电阻器文字符号法

表 1-14　电阻器允许偏差的文字符号表示法

允许偏差（%）	文字符号	允许偏差（%）	文字符号
± 0.001	Y	± 0.05	D
± 0.002	X	± 0.1	F
± 0.005	E	± 2	G
± 0.01	L	± 5	J
± 0.02	P	± 10	K
± 0.05	W	± 20	M
± 0.1	B	± 30	N
± 0.25	C	—	—

（3）色标法　色标法是用不同颜色的若干条色环标注在电阻体上，表示该电阻器的主要参数。各种颜色色标表示的意义见表 1-15。色标法有四色环法和五色环法两种，四色环法一般用于普通电阻器标注，五色环法一般用于精密电阻器标注。

表 1-15　色标表示的意义

颜　色	有效数字	乘　数	允许偏差（%）
棕　色	1	10^1	±1
红　色	2	10^2	±2
橙　色	3	10^3	—
黄　色	4	10^4	—
绿　色	5	10^5	±0.5
蓝　色	6	10^6	±0.2
紫　色	7	10^7	±0.1
灰　色	8	10^8	—
白　色	9	10^9	−20～+50
黑　色	0	10^0	—
银　色	—	10^{-2}	±10
金　色	—	10^{-1}	±5
无　色	—	—	±20

　　四色环标注法各条色环表示的意义是：从左至右第一、第二条色环表示有效数字，第三条色环表示乘数（倍率），第四条表示允许偏差，四色环标注法如图 1-25 所示。该电阻第一条色环是棕色，其有效数字为 1；第二条色环是绿色，其有效数字是 5；第三条色环是黄色，表示其乘数为 10^4；第四条色环为银色，表示其允许偏差为 ±10%，则该电阻器的阻值为 150 000Ω，即 150kΩ，允许偏差为 ±10%。

　　五色环标注法各条色环表示的意义是：从左至右第一、第二、第三条色环表示有效数字，第四条色环表示乘数（倍率），第五条色环表示允许偏差，五色环标注法如图 1-26 所示。该电阻第一条色环是红色，其有效数字为 2；第二条色环为绿色，其有效数字为 5；第三条色环是黑色，其有效数字为 0；第四条色环为棕色, 其乘数为 10^1; 第五条色环为棕色, 允许偏差为±1%, 则该电阻器阻值为 2 500Ω, 即 2.5kΩ, 允许偏差为±1%。

(4) 数码表示法 是指电阻器上面, 用三位数字表示该电阻的标称值, 第一位、第二位表示有效数字, 第三位表示倍率, 即有效数字后面零的个数, 电阻器数码表示法如图 1-27 所示。图中 103 表示该电阻的阻值为 10 000Ω, 即 10kΩ。

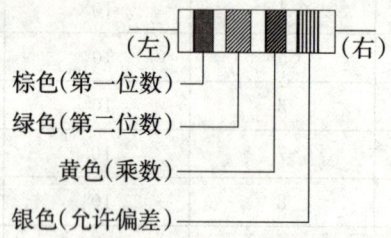

(左)　　　　　　　(右)

棕色(第一位数)
绿色(第二位数)
黄色(乘数)
银色(允许偏差)

图 1-25　电阻器的四色环标注法

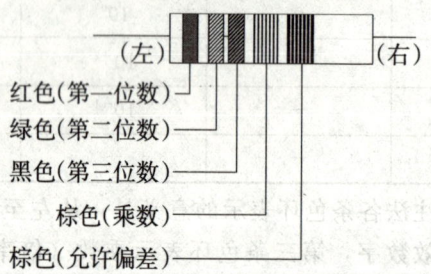

(左)　　　　　　　(右)

红色(第一位数)
绿色(第二位数)
黑色(第三位数)
棕色(乘数)
棕色(允许偏差)

图 1-26　电阻器的五色环标注法

2. 电阻器的额定功率　即标称功率, 是指在额定温度条件下, 电阻器长期连续工作, 其性能无明显改变所允许消耗的最大

图 1-27　电阻器数码表示法

功率值。额定功率在 2W 以下的电阻, 一般不在电阻器上标出, 只有额定功率在 2W 以上的电阻, 才在电阻器上标出其额定功率值。电阻器额定功率系列见表 1-16。

表 1-16   电阻器额定功率系列

非线绕电阻	0.05，0.125，0.25，0.5，1，2，5，10，25，50，100
线绕电阻	0.125，0.25，0.5，1，2，4，8，10，16，25，40，50，75，100，150，250，500

在电路图中电阻器额定功率图形符号如图 1-28 所示。

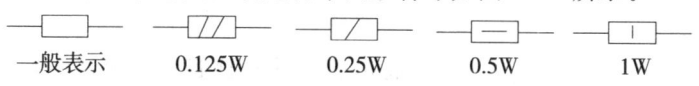

一般表示　　　0.125W　　　0.25W　　　0.5W　　　1W

图 1-28   电阻器额定功率图形符号

3. 电阻器的质量检测　使用万用表测量电阻器两端的阻值与标称值进行比较，只要在偏差范围内，即为好电阻。在测量电阻器阻值时要注意以下 3 点：

第一，万用表要调零，换档后需重新调零。

第二，测量中切勿两手接触电阻两端。

第三，量程一定要选择合适，以指针在度盘的中间 1/3 范围内为宜。

（二）电容器

1. 标称容量和误差　电容器的标称容量是指电容器两端加上电压后储存电荷的能力。相同电压下电容器储存的电荷越多，电容量就越大；储存的电荷越少，电容量就越小。

电容器上所标注的容量是该电容器的标称容量，其系列同电阻器标称系列表 1-13。电容器的实际容量与标称容量并不完全相同，它们之间的偏差反映了电容器的精度。不同精度对应一个相应的偏差。与电阻相同，电容器允许偏差也分三级对应相应的精度。不同容量、不同介质的电容器其误差各不相同，如电容量较大的电容器（电解电容）一般为 E6 系列，其误差较大；有机介质电容器，其容量较小，误差也较小。电容器标称容量和允许偏差的标志方法与电阻标志方法相同，也有 4 种，即直标法、文字符号法、数码表示法、色标表示法。

（1）直标法　是指在电容器表面，直接用数字和文字符号标出该电容器的标称容量和允许偏差。

直标法标志电容量的单位应符合以下规定：法拉（F）、微法（μF）、微微法（pF，也称皮法）。电容器直标法如图 1-29 所示，该电容器为容量 0.01μF、允许偏差为$\pm5\%$的圆片形高频瓷介电容器。若电容器上没有标偏差或精度等级，则该电容器允许偏差为 20%。

（2）文字符号法　是指将电容器的标称容量、允许偏差用文字、数字和规定的符号标注在电容器的表面。文字符号中所标注的电容量单位应符合以下规定：容量的整数部分写在单位标志符号的前面，小数部分写在单位标注符号的后边。

例如，0.83pF 标志为 p83、2.2μF 标志为 $2\mu2$、6500pF 标志为 $6n5$、3300μF 标志为 3m3、6.8F 标志为 6F8 等。

电容量的允许偏差标志符号按电阻器表 1-14 和表 1-15 的规定。电容器文字符号法如图 1-30 所示，该电容器为标称容量 3.3pF、允许偏差$\pm5\%$的卧式金属化纸介电容器。

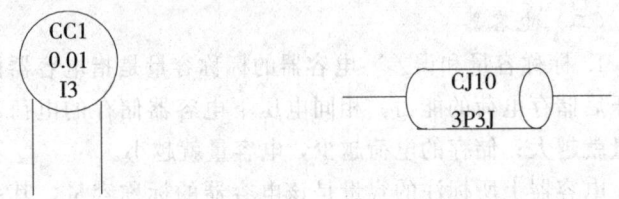

图 1-29　电容器直标法　　　　**图 1-30　电容器文字符号法**

（3）数码表示法　是用三位数字表示电容器容量大小，其中前两位数字为电容器标称容量的有效数字，第三位数字表示有效数字后面零的个数，单位是 pF。电容器数码表示法如图 1-31 所示，图中 682 表示标称电容量为 6 800pF，M 表示允许偏差为$\pm20\%$，339J 表示标称电容量为 0.033 F，J 表示允许偏差为$\pm5\%$。

（4）色标表示法　电容器色标法原则与电阻器色标法相同，颜色意义也与电阻器基本相同，其容量基本单位是微微法（pF）。

当电容器引线同向时，色环电容器的识别顺序是从上到下，电容器色标法如图 1-32 所示，图 1-32（a）中黄为有效值 4，紫为有效值 7，红为乘数 10^2，即该电容器的容量为 $47 \times 10^2 = 4\ 700\text{pF}$，允许偏差为 $\pm 20\%$。图 1-32（b）中棕为有效值 1，绿为有效值 5，黄为乘数 10^4，该电容器的容量为 $0.15 \mu\text{F}$，银表示允许偏差为 $\pm 10\%$。

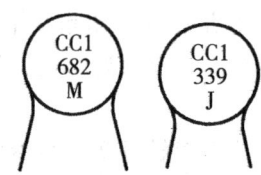

图 1-31　电容器数码表示法

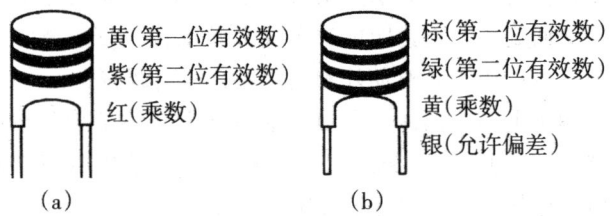

图 1-32　电容器色标法

2. 额定工作电压　是指电容器在规定的环境温度下，能长期可靠地工作，而不被击穿所能承受的最大直流电压，简称耐压（单位 V）。电容器在使用时一定不能超过其耐压值，否则就会造成电容器损坏，严重时还会造成电容器爆炸。电容器的额定工作电压一般都标注在电容器表面，通常有 6.3V、10V、25V、40V、63V、100V、250V 等。

3. 绝缘电阻　电容器的绝缘电阻是表示电容器绝缘性能好坏的一个重要参数，其绝缘电阻的大小取决于介质的绝缘性能好坏，以及电容器的结构和制造工艺，应用中要求电容器绝缘电阻越大越好，漏电流越小越好。

（1）判断　对于 5 000pF 以上电容器的检测，可用万用表欧

姆 $R \times 1\text{k}\Omega$ 或 $R \times 10\text{k}\Omega$ 挡，测电容器的充放电过程来进行粗略判断。若电容器有充放电过程，且表针最终能回到∞处，则电容器是好的。如果用万用表 $R \times 1\text{k}\Omega$ 或 $R \times 10\text{k}\Omega$ 挡测量时，万用表表笔接触电容器两条引线，指针始终在∞位置不动，说明电容器断路；如指针指向 0，则说明电容器短路；指针如不稳定，有跳变现象，就说明引线接触不良；指针如不能回复到∞，说明电容器有漏电现象。对电容量较大的电解电容，用 $R \times 10\text{k}\Omega$ 挡测量时有充放电过程，最后不一定回到∞处，但只要电阻值较大也属正常。

将万用表两只表笔分别接触可变电容器的动片和定片，然后旋转电容器轴柄，指针始终指 0，说明动片和定片碰到一起；如果电容器轴柄转到某一位置，万用表指针指 0，而转过这一位置后，指针又回到∞，就说明电容器局部转动位置发生碰片，根据具体故障，可以用工具对动片和定片进行适当调整。

（2）测量电容时的注意事项　测量电解电容器前先放电；测量电容器时要选用 $R \times 1\text{k}\Omega$ 或 $R \times 10\text{k}\Omega$ 挡；选用电阻挡时，万用表内电池电压不应高过电容器额定电压。

（三）电感器

凡是具有电感作用的器件统称为电感器。电感器是一种储存磁能的元件，在电路中有阻止交流通过的作用，对直流没有阻止作用，可与电容器配合组成调谐、振荡、滤波、延迟电路。电感器的文字符号用字母"L"表示。

1. 电感量及精度　电感量是表示载流线圈中磁通量大小与电流关系的物理量，电感量的基本单位是亨利，简称亨（H），常用的单位有毫亨（mH）、微亨（μH）和纳亨（nH），其关系是：

1 H ＝1 000 mH ＝1 000 000μH ＝1 000 000 000 nH

电感线圈电感量的大小与线圈的匝数、线径、绕制方法及芯子介质材料有关。电感线圈的标称电感量与电阻器标注和识读方法相似，可用直标方法表示，也可以用色环法表示，其单位为 H

（亨）。电感器标称值一般按 E12 系列标称。

一般电感器误差为Ⅰ级、Ⅱ级、Ⅲ级，分别表示误差为±5％、±10％、±20％。

2．品质因数（Q 值） 品质因数是电感线圈在某一频率下工作时所呈现的感抗与线圈总损耗电阻的比值，其中损耗电阻包括直流电阻、高频电阻、介质损耗电阻。Q 值越大则回路损耗越小。Q 值的大小与绕制线圈的导线线径、绕法、股数等因素有关。

3．分布电容 电感器线圈的匝与匝之间、线圈与铁心之间都存在电容，这种电容称为分布电容，分布电容量越大，被旁路的高频电流越多，这样线路的效率降低，Q 值减小。为减小电感线圈的分布电容，可采用分段叠绕、蜂房式绕法和减小骨架直径等方法来解决。

4．额定电流 电感线圈的额定电流是指电感线圈中允许通过的最大电流。额定电流大小与绕制线圈的线径粗细有关。

5．电感器判别

第一，用万用表 $R×1$ 挡测量线圈的阻值是否正常，如万用表指示小于正常值，则说明线圈内部有短路情况。

第二，电感线圈断路多是由于使用时间长而受潮霉断，可用万用表检查，如果表针指示为∞，则可判定电感线圈内部断路。如果断头在外层，就可将线头上绝缘漆刮掉重新焊上；如果断头在里面，则需更换或重新绕制。

第三，线路电感线圈短路，多是由于线头和外壳或磁心相碰引起的，可用万用表 $R×1$ 挡检查。表针指示为 0，则是线圈与外壳相碰，可拆开外壳进行检查处理。

第四，常见电感器外形及电路符号如图 1-33 所示。

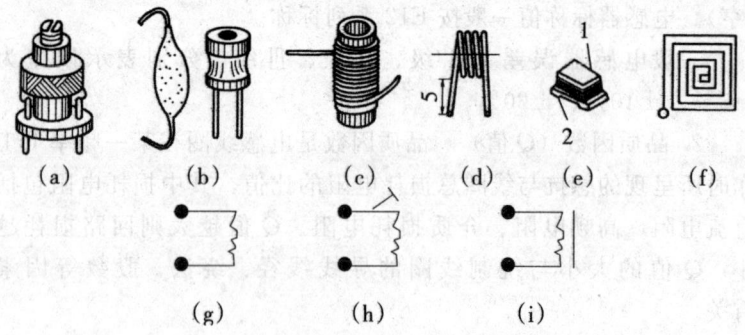

图 1-33 常见电感器外形及电路符号

(a) 可调磁心电感   (b) 固定电感器   (c) 空心电感器   (d) 高频线圈电感器档
(e) 片式叠层电感器   (f) 印刷电感器   (g) 线圈或阻流线圈   (h) 微调线圈
(i) 阻流线圈（带铁心）   1—带线磁心   2—焊盘

三、合格零件与不合格零件

装配是将预先检验合格的零部件进行组合。合格的零部件是保证装配质量的重要前提，所以，在装配中不但要熟悉总装配图与部件图的结构，还要在了解主要零件和各个部件功用的同时，掌握零部件在装配中的难点、容易出现问题的部位，以及影响质量的关键等。

（一）零部件质量判别

电阻、电容、电感、晶体管等元器件的质量检测已经介绍过了（晶体管的检测在第三章介绍），现在介绍其他电气零部件和机械零部件的检验。

1. 电气零部件的检验   电气零部件的种类很多，如继电器、指示灯、熔断器、接插件、开关等，以下仅对接插件和开关的检验要求做简要介绍：

第一，接插件又称连接器，包括插头、插座、接头、接线柱、保险丝座等，对接插件检验的基本要求是：插头与插座是否配合良好、接触可靠，接插时是否有一定的插拔力，接插件是否有良好的机械强度，接插件是否有一定的电气绝缘性能。

第二，开关是通断电源或换接线路的器件，对开关件检验的基本要求是：接触是否良好，触点电流是否符合规定；换位是否清晰，转换力矩是否适当，定位是否准确可靠；绝缘是否良好，是否具有一定的使用寿命，是否具备在恶劣环境下正常工作的能力。

2. 机械零部件的检验

第一，检查零部件表面状况，除净油污、毛刺，不允许有磕碰伤痕及裂缝、凹陷等影响设备性能的各种损伤（包括电镀层、喷漆层）。

第二，检查零部件的尺寸精度、形状和表面粗糙度。

第三，弹性零部件装配时，不允许造成永久性变形。

第四，橡胶件及其他金属衬垫，都应紧贴安装部位，不允许有裂纹和皱折。

第五，检查零部件的内部，不得有残留金属屑和其他杂物。

通过对零部件的检验，确保零部件的质量，可以减少装配中无谓的返修，避免工时的浪费，为顺利完成生产任务奠定基础。

（二）合格零部件的保存与运输

1. 运输

第一，运输中应注意运输工具的安全。

第二，运输中需注意避免零部件相互磕碰。

第三，零部件不能任意乱堆乱放。

2. 入库

第一，零部件入库要注意摆放有序。

第二，库房内要注意对温度、湿度的控制及保持。

第三，对库存时间较长的零部件要定期进行检验，尤其是橡胶件或其他特殊器件。

四、工具和工艺装备的准备和调整

（一）工艺装备的类别与用途

在电子仪器仪表的制造过程中，各道工序的加工都要使用一定的工具、量具和设备，其中一部分是常用的，也有一些是专用的。这里将对电子仪器仪表装配中常见的夹具、量具和设备做一个简单介绍。

1. 工具　仪器仪表在装配过程中往往需要使用一些设备和工具，掌握这些工具设备性能，可以满足仪表装配工艺上的需要、保障质量要求、提高生产效率。对这些工具设备要有正确了解，掌握正确的使用方法。前面已介绍了焊接工具和其他常用工具，下面主要介绍装调夹具、自制工装和专用工装。不但要正确使用这些工具设备，还要定期保养和专人管理，真正发挥工具和设备的效能，延长使用寿命。

（1）装调夹具　仪器仪表在装配时，要经常进行一系列的调整和校正工作，以保证仪器仪表的装配精度，胶合定位夹具就是确保装配精度的重要工具。胶合定位夹具简图如图 1-34 所示。

胶合定位夹具的工作原理是将动圈套入动圈定位块内，拨动定位帽，使中心轴套顶杆能前后移动，把中心轴套套入前端的方孔内，轻轻地移动定位帽就能将中心轴套顶在动圈和支片板的中心位置，涂上胶水，待干，拉下偏心手柄，移动定位帽就能把胶合成一体的动圈与中心轴套一起取下。使用胶合定位夹具的基本要求是：保证两端的中心轴套胶合后处于动圈惯量中心轴线位置，且与动圈框架平面保持同一水平面。

（2）自制工装　在实际工作中，为了保证装配中某些工序的质量，往往根据工艺要求，相应制造一些简易的工装工具，从而简便了操作，也提高了工作效率。

例如，在车间装配中，只加工少量元器件或简易装配而又没有专用的工具时，为了保证元器件引线成形的质量和一致性，可以利用废弃下脚料制成成型工装，如图 1-35 所示。工装模具的垂直方向开有供插入元件引线的长条形孔，孔距等于格距。将元器件的引线从上方插入长条形孔后，插入插杆，引线即可成型。

（3）专用工装　YJ10 电源的专用调整校正工装是由 $5\frac{1}{2}$ 数

字电压表、标准电阻、负载电阻、SA 开关等组成的专用调整校正工装。YJ10 电源是输出为 0～10 A 的恒流源，输出分九挡，最小一挡为 1 mA。因此，要求专用工装既要能测量出输出，还要保证输出精度，同时也要保证调整校正多功能化。YJ10 电源专用调整校正工装原理图如图 1-36 所示。

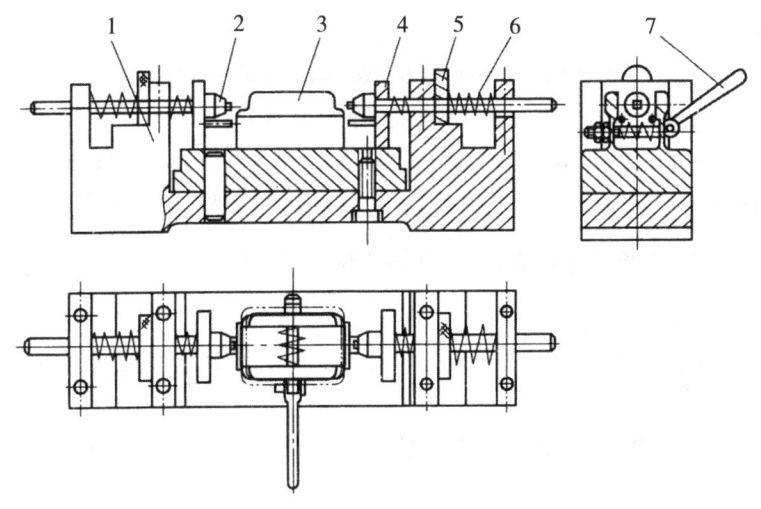

图 1-34 胶合定位夹具简图

1. 座架　2. 中心轴顶杆　3. 动圈定位块　4. 支片板

5. 定位帽　6. 弹簧　7. 偏心手柄

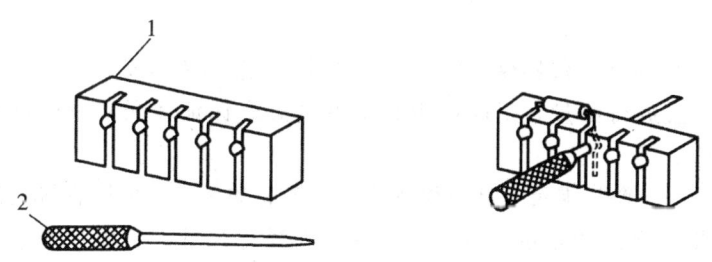

图 1-35 成型工装

1. 成型模　2. 成型插杆

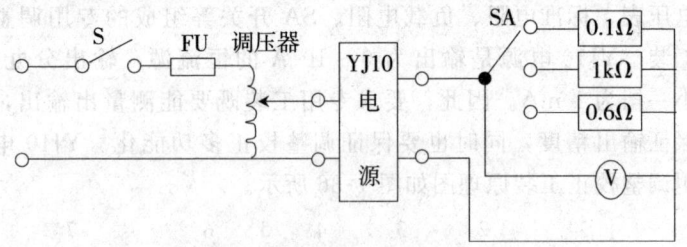

图 1-36　YJ10 电源专用调整校正工装原理简图

YJ10 专用调整校正工装的工作原理如下：

SA 开关（接触电阻很小）调至 10 A 挡，即接 0.1Ω 标注电阻（0.01 级），YJ10 电源校验 10 A 输出稳定度。10 A×0.1Ω=1 V（5$\frac{1}{2}$数字电压表），每分钟变化小于万分之一。

SA 开关调至 1 mA 挡，即接 1 kΩ 标准电阻，YJ10 电源校验 1 mA 输出稳定度。1 mA×1kΩ=1 V，每分钟变化小于万分之一。

调压器可调整（220±10）V 电源变化，YJ10 电源校验拉偏。

YJ10 电源输出 10 A 时，SA 开关调至 0.6Ω（最大负载），校验纹波系数等。

专用工装为电源调整校正带来很大便利，操作简便，同时提高了质量和工作效率。

2. 量具　仪器仪表装配时，常用某些量具对零部件尺寸、装配位置进行测量，正确使用和了解量具是保证装配质量的重要措施。

（1）游标卡尺　是一种精密度比较高的量具，可以直接量出各种零部件的长度、宽度、内径、外径等尺寸。它由尺身、游标、锁紧装置等部分组成，如图 1-37 所示。游标卡尺按精度分为 0.05 mm、0.02mm、0.01 mm 三种，内外径尺框与尺身制成一体，而内、外量爪则与游标制成一体，并可在尺身上滑动。尺身上的刻度每格为 1mm，游标上的刻度每格小于 1mm，当内、外量爪合拢时，尺身、游标上的零线应重合，两量爪分开时，尺身、游标刻线即相对移动。测量时，根据尺身、游标相对移动情况，即可在尺身上读出整数毫米，在游标上读出小数毫米。为了使测量好的尺寸不动，可拧紧锁紧装置，使游标不再滑动。

游标卡尺的使用注意事项：测量前要校对"0"位线；测量时，被测面应与卡尺成垂直位置；测量时，要掌握好量爪与接触面的松紧程度；被测量的零件表面不应有毛刺、损伤等缺陷。

（2）千分尺　是一种精密量具，它的测量精度高、使用方便、调整容易、测力恒定，应用普遍。

千分尺的种类较多，可分为外径千分尺、内径千分尺、深度千分尺、螺纹千分尺、齿轮千分尺等。其中，以外径千分尺最为常用。

外径千分尺用来测量外径和长度尺寸，主要由尺架、测微头、测力装置和锁紧装置等部分组成，如图 1-38 所示。测量时要双手操作，两个测量面将要接近零部件表面时，不要再直接旋转活动套管，而应转动棘轮。当棘轮发出"咔、咔"的声音时，表示两个测量面已和零部件表面接触，可以读数了。读数时最好不要从零部件上取下千分尺，以免影响测量精度。

千分尺读数步骤：第一步，先看微分筒边缘在固定套管的毫米数（格值为 0.5mm 的刻线）；第二步，再看微分筒上哪一格与固定套管上的指示线对准（圆周上刻有 50 条等分线，格值为 0.01mm），最后把两个读数相加。

外径千分尺的使用注意事项：千分尺使用时要擦干净测量面，并转动棘轮使两测量面接触，检查有无间隙，套管线是否对准零位；在测量时，要把被测零件毛刺去掉，并清洗干净；在测量时，千分尺的测轴中心线，要与零件的被测长度方向的轴线平行。

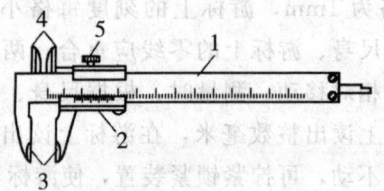

图1-37 游标卡尺

1. 尺身 2. 游标 3. 外径量爪 4. 内径量爪 5. 制动螺钉

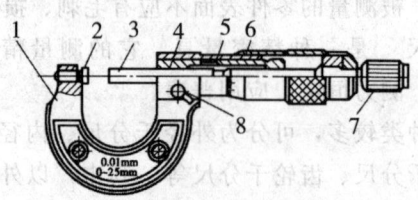

图1-38 千分尺

1. 尺架 2. 测砧 3. 测微螺杆 4. 螺纹轴套
5. 固定套管 6. 微分筒 7. 测力装置 8. 锁紧装置

3. 专用设备 随着电子工业的发展，自动化水平逐渐提高，相应的专用设备也随之增加。专用设备的应用既可以提高生产效率、保持成品的一致性，又能减轻劳动强度。

（1）超声波清洗机 超声波清洗机适用于清洗一般方法难以洗干净及形状复杂的元器件，清洗油类污垢效果明显。超声波清洗机由超声波发生器、换能器及清洗槽3部分组成。超声波清洗机外形图如图1-39所示。

（2）浸锡设备 普通浸锡设备是在一般锡缸的基础上加装滚动装置和温度调整装置构成的。使用时，先将元器件引线蘸上焊剂，再浸入锡缸。由于锡缸内焊料不停地滚动，因此增强了浸锡的效果。浸锡设备外形图如图1-40所示。

（3）充磁机 在仪器仪表生产过程中，需要对磁体进行充磁，通常采用直流电磁铁装置来充磁，这种装置称为充磁机。充磁机上的电磁铁应当是可以移动和更换的，以便适应对各种形状尺寸的磁铁进行充磁。充磁机如图 1-41 所示。

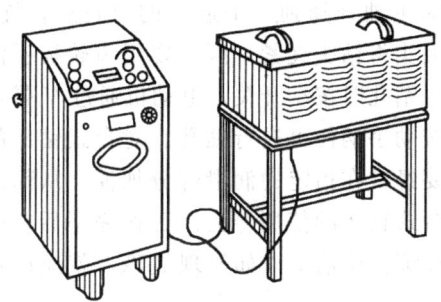

图 1-39　超声波清洗机外形图

图 1-40　浸锡设备外形图

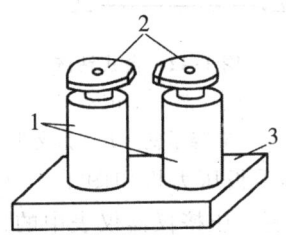

图 1-41　充磁机

1. 线包　2. 充磁头　3. 软铁

（二）常用机械设备的使用和维护

1. 台式钻床　台式钻床简称台钻，是一种小型钻床，装在工作台上，用于钻直径 12mm 以下的孔，如图 1-42 所示。工件固定在钻床的工作台上，为适应不同高度的工作，可以松开紧固螺钉，让支臂带动主轴升降到一个适当的位置后，旋紧固定螺钉。工作中必须让夹头将钻头夹紧，因此要用齿轮扳手沿着顺时针方向把夹头旋紧。钻孔时按动开关，电动机通过 V 带和带轮带动主轴旋转，向下按动手柄便可进行钻孔。对台式钻床的维护和保养是很重要的，要经常在指定的润滑部分加油，从而减少活动部位摩擦，并延长台式钻床的使用寿命。工作完毕后，应及时将金属屑清理干净，保证机床清洁。如发现故障，就应停止使用，及时修理。

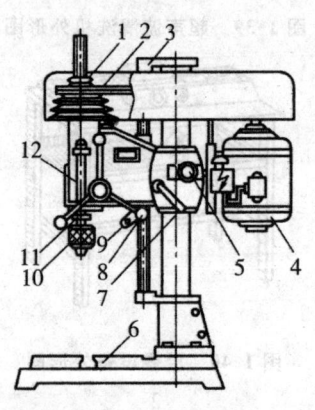

图 1-42　台式钻床

1. 塔式带轮　2. V 带　3. 丝杠架　4. 电动机　5. 滚花螺钉　6. 工作台
7. 紧固手柄　8. 手柄　9. 升降手柄　10. 钻夹头　11. 主轴　12. 支臂

2. 手板压力机　手板压力机如图 1-43 所示，是一种台式手动机床，主要用来压制、压挤仪器仪表中的机械零件，压力一般不大于 1 t。为了防止手板压力机生锈，保证操作轻便，应经常对机床进行擦拭。

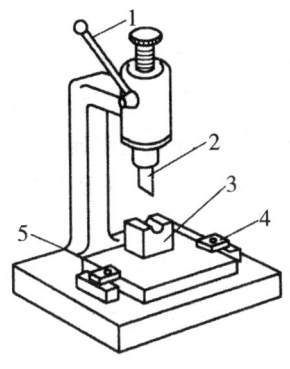

图1-43　手板压力机

1. 手柄　2. 夹头　3. 垫铁　4. 夹板　5. 螺钉

（三）安全技术规程及工艺规程

在现代化大生产的过程中，随着自动化程度的提高，技术安全方面也不断融入新的内容。在生产过程中，不安全因素始终伴随在生产劳动之中。每个劳动者不仅需要熟练地掌握生产技术，还必须强化安全意识，具有保障安全生产的知识。在仪器仪表装配中，每个零件、每一道工序、每一个环节都应遵循工艺规程和规章制度，按规定的各项要求严格执行。

仪器仪表装校工艺是在广大工人和技术人员生产实践的基础上，结合技术基础理论，总结实际经验，并通过反复实践而制定出来的。按照工艺规程进行操作，不仅能保证产品质量，提高劳动生产率，保障安全生产，还可以减少人为差错，使产品达到设计要求。因此，必须做好以下几方面工作：

第一，在生产劳动中，严格遵守安全生产的各项规章制度，并认真贯彻工艺操作规程。

第二，自觉地爱护和使用安全卫生防护设施和用具。

第三，坚持正确地使用各种安全防护工具。

第四，认真学习安全生产规程，掌握安全生产知识。

复习思考题

1. 掌握一般零部件图和简单的电器原理图的识图方法。

2. 了解装配工艺流程卡和工艺文件的内容及使用方法。

3. 掌握常用电气元器件（如电阻器、电位器、电容器、电感器等）的结构、电路符号、命名方法及其应用。

4. 掌握常用工具的使用方法。

5. 了解常用电气元器件（如电阻器、电容器、电感器等）的标称值和偏差，通过实践，掌握用万用表对上述元器件进行质量检测的方法。

6. 通过实践，熟练掌握游标卡尺和千分尺的养护和使用方法。

第二章 一般部件装配

第一节 零部件的清理和预处理

一、零部件的清理

在装配前对零部件进行必要的清理和清洗是装配前必不可少的措施，这样便于装配工作的顺利进行，更主要的是为装配质量提供相应的基础保证。在实际工作中，由于种种原因和人为的过失，都可能使零部件出现差错、损伤、油污等不符合工艺要求的地方，从而给装配带来困难。这就需要在装配前（包括装配过程中）对零部件进行适当的处理。

第一，检查零部件是否符合图样和工艺要求，包括各种元器件的型号、规格、尺寸是否符合技术要求，凡不符合要求的零部件应及时挑出。

第二，清理零部件并除去零部件上的毛刺、划痕以及各种污物。

第三，有表面处理（如电镀、喷漆）的零部件和元器件不应该有损伤和碰伤。

第四，容易破碎的零部件，应遵照规定放置在适当的地方。

第五，废次品应远离合格品区，以免不合格件混入合格品区。

第六，对一些特殊零部件（如轴尖等）应该用超声波多次清洗，再用流动水漂洗，蒸馏水清洗，最后用乙醇脱水烘干。

第七，对需要焊接的工件应进行表面处理，通过清洗（除锈），将粘焊表面擦洗干净，提高粘焊的质量。

二、预处理

仪器仪表的零部件和组件根据装配的需要，应按照各种工艺上的要求进行处理。对零部件和组件进行一定的处理，不仅能保护其本身不受腐蚀，还可以使其表面有较高的耐磨性、导电性或绝缘性，改善它们的技术性能和外观。对零部件进行预先处理准备，可以为装配提供方便。

（一）浸焊

浸焊又称浸锡，是将锡铅焊料加热熔化以后，再把制件浸入，使制件表面涂覆一层锡的操作过程。浸锡一般应用于元器件和导线的预处理。

1. 导线浸锡　导线浸锡是将导线剥去绝缘层并进行捻头，捻头要顺着和股的方向。捻头后的芯线弯曲角度一般为 30°～50°，然后将导线垂直插入锡锅，浸锡层于绝缘层之间的间隙应为 1～1.5mm，浸锡时间不宜过长，应掌握在 1～3s。

2. 元器件管腿浸锡　元器件管腿浸锡应先将元器件管腿除去污物及氧化层后，再进行浸锡，浸锡层离根部为 3～5mm。

（二）整形

在装配中，尤其是流水线装配，不能因为某部分准备不充分造成生产的停顿，所以对元器件要进行适当整形。

1. 引线加工　某些元器件的引线根据装配需要进行加工，也就是留下规定尺寸，其余全部剪去。

2. 引线整形　元器件的引线留下规定尺寸后，还要根据装配需要进行必要整形。如电阻器一般要根据两焊盘之间的尺寸，将管腿弯成相对应的 90°角等。

（三）处理

根据工艺要求，部分零部件需要在装配前进行表面处理和筛选处理。

表面处理常用的方法是电子化学氧化。阳极氧化是电子化学氧化中的一种，它的覆盖层不是金属而是氧化膜。阳极氧化是防止铝和铝合金腐蚀的有效方法，氧化膜能与零件牢固结合、硬度较高、不导电并便于染色，如铝底座、晶体管散热器常用阳极氧化方法处理。

根据工艺要求，元器件在装配前还要进行老化筛选处理。老化筛选处理是利用各种外加应力激发隐藏于元器件中的潜在缺陷，加速其暴露，然后通过检测手段，将不符合要求的元器件剔除，留下合格的元器件。

第二节　装　　配

一、装配工作的常用材料

（一）紧固件

1. 螺钉　螺钉的种类很多，按用途分为连接螺钉和定位螺钉两种。按螺纹刻分为普通螺纹和自攻螺纹等。按螺钉头结构可分为内外六角头、内外方头、圆头、圆柱头、球面圆柱头、沉头、半沉头、滚花头等。螺钉头部有十字槽和一字槽两种。

螺钉是以螺纹部的公称直径 d 作为区别螺钉规格的主要参数，其他参数如螺纹长度、螺钉头部结构等作为辅助参数。目前常用螺钉的形状、名称、规格、特点及用途见表 2-1。

表 2-1　常用螺钉的形状、名称、规格、特点及用途

形　状	名　　称	规格（mm）	特点及用途
	一字槽半圆头螺钉	M1～M20	钉头强度较好，应用最广，一般不用螺母，直接旋入制有螺纹孔的连接件
	十字槽半圆头螺钉	M2～M12	槽形强度高，使用时应配合相应的螺钉旋具
	一字槽圆柱头螺钉	M1～M20	钉头强度较好，若在被连接件表面上刻出相应的圆柱形孔，可使钉头不露在外面

形　状	名　　称	规格（mm）	特点及用途
	一字槽球面圆柱头螺钉	M1～M10	钉头强度较好，若在被连接件表面上刻出相应的圆柱形孔，可使钉头不露在外面，钉头的顶部呈弧形，比较美观和光滑
	一字槽沉头螺钉	M1～M20	适用于不允许钉头露出的场合
	一字槽半沉头螺钉	M1～M20	适用于不允许钉头露出的场合，但头部呈弧形，顶端略露在外面，比较美观和光滑。多用于仪器或比较精密的机件上
	圆柱头内六角螺钉	M4～M42	连接强度高，头部能埋在零件内，但需用扳手拧紧，可产生较大的拧紧力矩，用于要求结构紧凑、外形平整的连接处
	滚花高头螺钉	M1.6～M10	为了便于旋动，头部做得大，并滚有花纹，是用来调节零件位置的特殊螺钉
	锥端紧定螺钉	M1～M16	用来固定轴上不常拆的零件
	平端紧定螺钉	M1～M12	平端的接触面积大，不伤零件表面，用于经常拆卸的场合

形　状	名　　称	规格（mm）	特点及用途
	滚花头不脱出螺钉	$M3\sim M10$	一般用于面板的紧固，当拆下面板时，螺钉不脱出面板安装孔，可避免丢失
	球面圆柱头不脱出螺钉	$M3\sim M10$	适用于收音机后盖的紧固，拆下后盖时螺钉不易丢失

2. 螺母　螺母分为方螺母、开槽螺母、六角螺母、盖形螺母等。

螺母是以螺纹孔的公称直径 D 作为识别螺母规格的主要参数，其他如螺母的厚度、外形结构参数作为辅助识别用。常用螺母的形状、名称、规格、特点及用途见表 2-2。

表 2-2　常用螺母的形状、名称、规格、特点及用途

形　状	名　　称	规格（mm）	特点及用途
	方螺母（粗制）	$M3\sim M48$	常与单圆头方颈螺栓配合，用于简单、粗糙的机件上，其特点是扳手转动角度较大（90°），不易打滑
	六角螺母	$M1.6\sim M48$	应用较广，分很多品种，有扁的、厚的、小六角的、带槽形的等，分别用于不同的场合
	蝶形螺母	$M3\sim M16$	也称元宝螺母，用于直接装拆及对连接强度要求不高和经常装拆的场合
	圆螺母	$M10\times1\sim$ $M200\times2$	通常成对地用于轴类零件上，用以防止轴向位移，其装拆须用专用的钩形扳手

形　状	名　称	规格（mm）	特点及用途
	盖形螺母	M3～M24	用此螺母紧固后，可盖住螺钉的突出都分，用作表面装饰螺母

3. 螺栓、螺柱　螺栓和螺柱广泛应用于可拆卸连接，常用的螺栓有六角螺栓、方头螺栓和各种特殊结构的螺栓。常用的螺柱主要有双头螺柱。常用螺栓和螺柱的形状、名称、规格、特点及用途见表 2-3。

表 2-3　常用螺栓和螺柱的形状、名称、规格、特点及用途

形　状	名称	规格（mm）	特点及用途
	小方头螺栓	M5～M48	头部制成方形，适用于表面粗糙和对精度要求不高的钢铁或木质结构上
	六角头螺栓	M10～M100	一般由热锻成型，除螺纹，其余部分均不加工，适用于表面粗糙和对精度要求不高的钢铁或木质结构上
	半圆头方颈螺栓	M6～M20	适用于铁木结构的连接
	地脚螺栓	M6～M48	专供埋于混凝土地基中，固定各种机器或设备的底座
	双头螺柱	M5～M48	两端制有螺纹，用于被连接件之一不能安装带头的螺栓的场合

4. 垫圈　在螺钉连接中，垫圈的主要作用是增加支承面、保护被连接零件表面，使其不受螺钉头或螺母的损伤，更重要的是防止螺钉连接的自松。仪器仪表中常用垫圈的形状、名称、规格、特点及用途见表 2-4。

表 2-4　常用垫圈的形状、名称、规格、特点及用途

形　状	名　称	规格（mm）	特点及用途
	圆垫圈	1～48	垫于螺母下面，避免连接件表面擦伤，增大接触面积，降低螺母作用在被连接件表面的单位面积压力；也可作垫片，用以调节尺寸
	轻型弹簧垫圈	2～30	装配在螺母下面，用来防止螺母松动
	圆螺母用止动垫圈	10～200	是防止圆螺母松动的专用垫圈，主要用于制有外螺纹的轴或紧定套上，作固定轴上零件或紧定套上的轴承用

5. 铆钉　铆钉按形状可分为半圆头铆钉、平锥头铆钉、半沉头铆钉、沉头铆钉、扁圆头铆钉等，按其结构可分为实心、空心和半空心铆钉，按其材料可分为钢铆钉、铜铆钉和铝铆钉。常用铆钉的形状、名称、规格、特点及用途见表 2-5。

表 2-5　常用铆钉的形状、名称、规格、特点及用途

形　状	名　称	规格（mm）	特点及用途
	半圆头铆钉	0.6～16	是应用最广的一种铆钉，表面比较光滑，尺寸精度较高，适用于要求较高的场合
	沉头铆钉（粗制）	1～16	也称埋头铆钉，用于表面需要平滑、不允许钉头外露的场合
	平锥头铆钉	2～16	用途与半圆头铆钉相同

6. 销钉　销钉主要用于零部件的连接和保证被连接零部件的

相互位置。用于仪器仪表制造的销钉种类很多，其中最常用的销钉有圆柱销钉、圆锥销钉和开口销钉。

圆柱销钉主要用作定位，防止零件相对偏移。其定位的准确性决定于销钉与定位孔的间隙大小。

圆锥销钉也用作连接和固定零件，但是销孔加工比较困难，其好处是可多次拆卸而不影响连接的质量。

开口销钉主要用来固定被连接零件，具有很好的轴向载荷能力。在连接不宜承受冲击的零件时，采用开口销较为合适。常用销钉的形状、名称、规格、特点及用途见表 2-6。

表 2-6　常用销钉的形状、名称、规格、特点及用途

形　状	名　称	规格（mm）	特点及用途
	圆锥销钉	（小端直径）0.6～50	销和销孔表面上制有 1：50 的锥度，销与销孔之间连接紧密可靠，在承受横向载荷时，具有能自锁的优点，主要用于定位，也可固定零件、传递动力
	圆柱销钉	0.6～50	在机器轴上作固定零件、传递动力用，在工具、模具上作零件定位用
	开口销钉	（销孔直径）0.6～12	用于经常要拆卸的机件轴及轴杆带孔的螺栓上，使机件及螺母等不致脱落

（二）常用的黏合剂

用黏合剂将两个器件粘接在一起的安装方法称为粘接。在仪器仪表的装配中，通常用黏接剂粘接一些质量较轻的器件和不便于螺钉连接、键销连接、铆接、焊接的器件。

粘接的优点是方法简便、使用广泛、成本低廉、设备简单、质量轻、粘接零件不变形和密封性好。

1. 热固性树脂黏合剂 热固性树脂黏合剂是以环氧树脂、酚醛树脂、聚酯树脂和有机硅树脂等加入固化剂配制而成。与热塑性树脂黏合剂相比，其粘接强度高，耐高、低温性能好，但韧性较差。为了改善其性能，可加入韧剂或改变辅料成分，配成可适应各种条件下使用的黏合剂。

（1）环氧树脂黏合剂 环氧树脂黏合剂是以环氧树脂为主，加入硬化剂、增韧剂填料配制而成。这种黏合剂具有强度高、耐热性好和抗腐蚀性强等特点，适应于金属和非金属材料，如钢、铜、铝、玻璃、橡胶、木材、塑料等，但对聚乙烯和有机硅树脂的粘接能力较差。

（2）酚醛树脂黏合剂 酚醛树脂黏合剂是以酚醛树脂为主配制的黏合剂，具有良好的粘接性能、耐热性能和抗老化性能，韧性较大，广泛用于金属、木材、塑料等材料的粘接。

2. 热塑性树脂黏合剂 热塑性树脂黏合剂有较好的韧性，但耐热性差，粘接强度差，一般作为非结构型黏合剂。它一般用于聚氯乙烯、金属、ABS 制品、有机玻璃、赛璐珞等材料的粘接。

（1）聚丙烯酸酯类黏合剂 聚甲基丙烯甲酯胶和聚甲基丙烯酸丁酯胶都属于聚丙烯酸酯类黏合剂。

聚甲基丙烯甲酯胶俗称有机玻璃胶，使用温度为 -60℃～70℃，其胶层在室温时耐弱酸、耐碱、耐水、耐油及海洋大气侵蚀，遇到丙酮、三氯乙烷、冰醋酸和氯仿等溶剂时，胶层迅速溶解，一般用于粘接有机玻璃和赛璐珞制品等。

聚甲基丙烯酸丁酯胶俗称丁酯胶，适用于有机玻璃、聚苯乙烯与金属的粘接，使用温度为 -60℃～70℃，也适用于制造大型塑料天线和电磁屏蔽材料的粘接。

（2）纤维素黏合剂 纤维素黏合剂有醋酸纤维素胶（赛璐玢胶）、硝化纤维素胶、乙基或丁基纤维素胶等数种，具有快干、防潮的优点，使用温度为 -40℃～50℃，一般用于线圈与骨架的粘接、引出线的固定等。

3. 橡胶黏合剂　在室温下，橡胶是具有极好的弹性和韧性的高分子材料。以橡胶为主配制的黏合剂，不仅胶层韧性好、不均匀扯离强度和剥离强度高，而且可粘接不同膨胀系数的材料，使用方便，胶液初黏力高。

（1）天然橡胶黏合剂　天然橡胶黏合剂是以橡胶树的胶液制成的烟片或白绉片，具有良好的弹性和优异的电性能，但粘接强度差。该黏合剂适用于电子元器件的粘接。

（2）合成橡胶黏合剂　合成橡胶黏合剂有氯丁橡胶黏合剂、丁腈橡胶黏合剂、聚异丁烯黏合剂、丁基橡胶黏合剂、聚硫橡胶黏合剂、氯磺化聚乙烯橡胶黏合剂、制动胶等。

4. 特殊黏合剂　在电子仪器仪表无线电通信设备，特别是对微型电子元器件装配时，采用一般的黏合剂不能满足元器件的导电、导磁等要求，而特殊黏合剂则能满足以上性能的要求。在电子设备中常用的特种黏合剂有导电胶、导磁胶、光敏胶、热熔胶、压敏胶等。

（三）焊剂和化工试剂的使用方法及防护知识

1. 焊剂　焊剂可分为助焊剂和阻焊剂两种

（1）助焊剂　助焊剂是用于焊锡的一种非金属的固体或液体物质，它的主要作用是增加湿润，帮助和加速焊接的进程，同时可以提高焊接质量，保护印刷电路板。

选用助焊剂时优先考虑的因素是被焊金属材料的焊接性能及氧化、污染等情况。铂、金、银、铜、锡等金属的焊接性能较强，为了减轻助焊剂的腐蚀，尽量采用松香助焊剂。焊接性能较差的如铍青铜、黄铜、青铜等带有镍层的金属材料，焊接时应采用有机助焊剂。活性焊锡丝焊接时能减少焊料表面的张力，促进氧化物的还原作用，它的焊接能力比一般焊锡丝要好。选用助焊剂时，还要考虑焊接方式和焊剂的具体用途。

（2）阻焊剂　焊接中，为了提高焊接质量，需用耐高温的阻焊涂料将不需要焊接的部分保护起来，使焊接只能在所需要的焊接点上进行，从而起到一种阻焊的作用。阻焊剂目前在波峰焊、浸焊中得到广泛应用。

2. 化工试剂

（1）清洗剂三氯乙烷　在波峰焊进行完毕之后，要及时清洗面板残存的焊剂等污物，否则既不美观，又会影响焊物的导电性能。清洗材料要求只对焊剂的残留物有较强的溶解和去除能力，而对焊点不应有腐蚀作用。三氯乙烷相对毒性小、性能稳定，具有良好的清洗能力，是防燃防爆性能较好的低沸点溶剂。清洗时，溶剂蒸气在清洗表面冷凝形成液流，液流可以冲洗掉被清洗物表面的污物，使污物随着液流流走，从而达到清洗目的。

（2）绝缘漆白露甘地　清洗好的印刷电路板经烘干后，应进行绝缘处理，目的是在印刷电路板上涂上一层绝缘漆，从而有效地保护印刷电路板的表面绝缘程度，防止灰尘的堆积和受潮。目前常用的绝缘漆是白露甘地，常用的涂装方法有两种：一是用喷枪或刷子在印刷电路板上均匀地涂上一层绝缘漆。用这种方法处理的漆层均匀、光泽度好，维修也较方便，漆也不易浸入密封的元器件内。这种方法适用于小批量生产。二是把印刷电路板全部浸入绝缘漆中，然后拎起沥干。用这种方法处理过的板绝缘效果好，但对元器件容易造成渗透，漆层厚薄难于控制，会给维修造成一定困难。

二、装配

（一）组装的内容特点和方法

1. 组装的内容　将零件、元器件、结构件及材料按照装配工艺文件的规定，逐级组合成整件的过程，称为装配。电子仪器仪表装配不仅需要具备一定的装配技能，还需要掌握一定的装配知识。在组装过程中，根据组装单元尺寸的大小、复杂程度的不同特点，可将电子仪器仪表产品的组装分成不同等级，称为电子仪器仪表的组装级。

第一级组装，又称为元件级组装，常指电路的元器件、集成电路的组装，其特点是结构不可分割。

第二级组装，一般称插件级，用于组装和互连第一级元器件。例如，装有元器件的印刷电路板或插件等。

第三级组装，又称底板级或插箱级组装，常用于安装和互连第二级组装的插件或印刷电路板部件。

第四级组装及更高级别的组装，又称箱柜级或系统级组装，主要通过线缆及电气连接互连第二、第三级组装，以构成电子仪器仪表整机。

2. 组装的特点

第一，组装工作要求操作者具有一定的技术水平，既懂得装配工艺，又掌握相关的焊接技术、安装技术、检验知识等。

第二，组装工作人员必须经过严格的岗前培训并持证上岗，要求熟悉工具的使用和基本操作规程。

第三，在很多情况下不便于进行定量分析，可以用直观判断法，如开关、电位器旋钮焊接质量的好坏只能靠眼睛观察和手感进行鉴定。

3. 组装的方法

(1) 功能法　将电子产品中具有某一功能的部分结合在一个整体结构部件内，这种方法使部件能完成信号的局部任务，从而得到在功能、结构上都已完整的部件，给生产维修带来方便。然而，功能部件有不同结构的外形、尺寸、体积和安装尺寸，很难做出统一的规定，因而这种方法将降低整个产品的组装密度。

(2) 组件法　这种方法广泛用于统一电气安装工作，是提高安装密度的一种方法，适合于制造一些外形尺寸和安装尺寸都统一的部件，相对比较规范，并能使功能和结构具有某些余量。根据实际需要，组件法又可分为平面组件法和分层组件法。

(3) 功能组件法　这种方法兼顾了功能法和组件法的特点，制造出来的部件既具有完整的功能性，又具有规范化的结构尺寸。目前，微型电路的发展导致组装密度进一步加大，对功能和结构余量提出更高的要求。因此，在对微型电路进行结构设计时，要应用功能原理和组件原理。

（二）机械安装

1. 机械安装工艺　是仪器仪表整机生产中的一项基础技术，对产品技术指标和可靠性起着重要作用。下面介绍螺接、铆接、粘接等几种机械安装工艺：

（1）螺接工艺　用螺钉、螺栓、螺母、垫圈等将被连接零件结合在一起的操作称为螺接。螺接的特点是更换元件方便，易于调整工件。

① 紧固方法　用螺钉安装时，应按工艺顺序进行，被安装件的形状方向等应符合工艺的规定，避免装错，要核查紧固件的尺寸、规格、数量。安装时应先将螺钉依次装到各自的孔位上，然后分步逐渐拧紧，要防止结构变形，确保安装的可靠。

② 螺接的质量标准　螺钉、螺栓等紧固后，一般螺尾外露长度不小于1.5个螺距，螺纹连接长度不得少于3个螺距。沉头螺钉紧固后，应与零件表面齐平，允许低于表面，但不应超过0.2mm。弹簧垫圈要被螺母四周均匀地压平再旋至不动为止。安装完毕，螺钉、螺母应无打滑现象，被紧固件无开裂、破损现象，安装件的标志要朝外。

③ 螺接的防松措施　螺钉连接一般具有自锁性，但当受到振动或工作温度变化很大时，螺纹间的摩擦力就会出现瞬时减小的现象。如果多次重复，就会使连接部位逐渐松动，甚至脱落。为了防止这种现象的发生，就必须采取相应的防松措施。利用弹簧垫圈防松，通过将弹簧垫圈的尖端刺入钉头，使螺钉难以反向转动。在螺钉孔内加紧固漆效果更好。利用机械方法限制紧固零件的转动。例如，螺母紧固后，在螺母的横向钻一个孔，插入开口销限制螺母的移动。增加摩擦力防松，利用副螺母（双螺母）和橡皮圈，提高螺纹间与支撑面的摩擦力，使螺母防松。

（2）铆接工艺　铆接是用各种铆钉将零件或部件连接在一起

的操作方法，有冷铆和热铆两种方法。在仪器仪表装配中，常用冷铆的方法进行铆接。铆接的特点是安装牢固可靠。

① 对铆钉的要求　铆接时所用铆钉尺寸适当才能做出符合要求的铆接头，具体要求是铆钉长度应等于被铆件的总厚度与留头长度之和，半圆头铆钉留头长度应等于其直径 4/3～7/4 倍，铆钉直径应大于铆接厚度的 1/4。另外，铆孔直径与铆钉直径的配合必须适当，否则易造成铆钉弯曲、铆接不牢或铆钉杆穿不过铆孔的现象。标准铆钉直径与铆孔直径的关系见表 2-7。

②铆接方法及要求　不同的铆接其操作方法和要求也各不相同，以下介绍常用的 3 种铆接。铆钉头镦铆成半圆形时，先将铆钉插入两个待连接件的孔中，铆钉头放到与其形状一致的垫模上，将压紧冲头放到铆钉上，砸紧两个被铆接件，然后取下压紧冲头，改用半圆形镦铆露出的铆钉端，使之成半圆形，如图 2-1 所示。铆接后，铆钉头完全平贴于被铆零件上，与铆窝形状一致，不允许有凹陷、缺口和明显的开裂现象。铆接空心铆钉时，先将装上空心铆钉的被铆接件放到平垫模上，用压紧冲头压紧，然后用尖头冲子将铆钉孔扩成喇叭口状，如图 2-2（a）所示，再用冲头砸紧，如图 2-2（b）所示。铆接时，扩边应均匀，无裂纹，管径不歪扭。铆钉头镦铆成沉头时，操作方法与镦铆成半圆形时一样，只是垫模不需要特殊形状。在用压紧冲头压紧被铆接件后，用平头镦铆成型，铆接后被铆平面应保持平整，允许略有凹陷，但不得超过 2mm。

表 2-7　标准铆钉直径与铆孔直径的关系

铆钉直径（mm）		2	2.5	3	3.5	4	5	6	8	10
铆孔直径（mm）	精装配	2.1	2.6	3.1	3.6	4.1	5.2	6.2	8.2	10.3
	粗装配	2.2	2.7	3.4	3.9	4.5	5.5	6.5	8.5	11

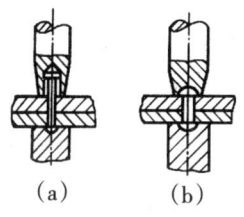
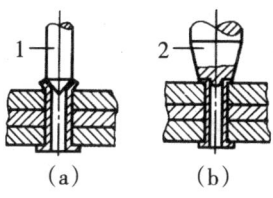

图 2-1　铆钉头镦铆成半圆形　　　图 2-2　空心铆钉的铆接

1. 冲子　2. 冲头

（3）粘接工艺　用黏合剂将两个器件粘接在一起的安装方法称为粘接，在仪器仪表装配中，通常用黏合剂粘接一些较轻的器件。

①粘接的特点　可以连接性质不同的材料，如金属与非金属、薄材料与厚材料等。粘接不受外界力和热的作用，因此变形小，适用于金属薄板、箔，以及小型、异型和复杂零件的粘接。粘接接头的胶层分布均匀，应力集中现象比焊接、铆接等连接方式小，有较好的剪切强度和抗拉强度。粘接接头光滑，具有密封性、绝缘性和耐腐蚀性，根据需要还能得到其他特殊性能（如导电性能等）。粘接加工工艺简便、成本低、质量轻。粘接接头也有不足之处，如有机黏合剂易老化、耐热性差（接头温度不宜超过300℃），无机黏合剂耐热性虽好，但性能差、接点易剥离。

②粘接工艺及要求　粘接一般需要先对粘接面进行表面粗糙处理，可以利用砂纸、喷砂、钢丝刷子对被粘接物体接触面打磨，清除接触面的油垢，再用酒精、汽油等擦拭，除去油脂、水分、杂物，确保黏合剂能润湿粘接面，增强粘接效果。调配好黏合剂是保证粘接质量的重要环节。调配黏合剂时应注意以下4点：首先，严格按配方调配黏合剂，使用工具和容器要清洗干净；其次，配制工作间应通风，严禁烟火；再次，搅拌要缓慢均匀；最后，容器不能混用。涂胶是将清洁处理后的被粘接物体涂覆一层均匀的黏合剂的过程。涂层厚度应在0.1~0.15mm，涂覆的方法可以根据粘接面的形状、尺寸的不同，分别采用刷涂、喷

涂、滚涂等方法。涂胶后的制件必须进行晾晒，以便使黏合剂中的溶剂和水分挥发，增强粘接效果。粘接工艺的最后一道操作是固化，固化时的温度、压力和保持时间是 3 个重要因素，其中任何一个因素变化都会直接影响粘接质量。在固化过程中要注意以下 3 点：一是被粘接物体在固化过程中，必须对粘接接头两个面上施加一定压力，以保证胶层紧密贴合。二是凡加温固化的粘接件，升温不可过快，否则黏合剂内多余的溶剂来不及溢出，使胶层内含有大量的气泡，降低粘接强度。通常情况下，先将粘接件温度升到 40℃～50℃，保持 1h 后，再升到黏合剂所要求的固化温度。固化后，粘接件要缓慢降温，不允许将粘接件从高温中直接取出，否则粘接件变形使粘接面破坏。三是固化过程中不允许移动粘接件，同时在固化前、后要适当清理多余的胶液。

2. 机械安装基本工艺要求　仪器仪表安装的基本工艺要求在工艺设计文件、工艺规程中都有明确的规定。它是进行机械安装操作中应遵循的基本要求，具体内容如下：

第一，要认真阅读相关的工艺文件和设计文件，严格遵守工艺规程，保证实物和装配图一致。

第二，安装过程中不要损伤元器件，避免碰坏机箱及元器件上的涂层，以免损坏绝缘性能。

第三，安装过程中要注意元器件、零部件的安全要求，安装带有场效应管、CMOS 集成块时，操作人员要带有防静电腕带，以防元器件被静电击穿。

第四，安装机械活动部分，如开关、电位器、齿轮等，应保证其运动平滑自如，不能有阻滞现象。

第五，用紧固件安装地线焊片时，要彻底清除安装位置的氧化层和涂层，保持接地良好。

第六，装配时切勿让紧固件、焊锡渣、导线头等异物掉入机内。

第七，元器件和机械安装件的引线方向、极性、安装位置要正，不能歪斜，尤其金属封装的元器件不要相互接触。

第八，未经检验合格的装配件（零件、部件、整件）不得安装，合格的零部件应保持清洁。

第九，安装处是金属面时，为减小压强，可适当加垫钢垫圈，单一螺母固定时，应加止动圈防止松动。

第十，操作人员应熟练掌握操作技能，保证装配质量，严格执行三检（自检、互检、专检）制度。

三、检测装配

电子仪器仪表装配完成后，还要进行最后的检测和调试。检测主要包括安装位置、元器件尺寸的检测、电气性能的检测、装配图及工艺要求的核对等。

（一）常用的长度计量工具

对尺寸检测的量具，除了前面介绍过的游标卡尺、千分尺，最常用的就是钢直尺，它可以用来测量零件的长、宽、高、深、厚等。钢直尺有1 000mm、500mm、300mm 和150mm 4 种规格，尺的最小分度是 0.5mm。

（二）万用表的使用

万用表是一种可以测量多种电参量、多量程便携式仪表，在电子仪器仪表的电气性能检测中经常使用。有关万用表的原理及应用，我们在后面的章节中再做详细介绍。

（三）装配图和工艺要求的核对

一台仪表图样的设计，根据不同结构可分为 3 部分，即显示（指示）部分、电气部分和传动部分。装配工艺卡中工序的划分原则是参照图样进行组件装配、部件装配和总装配。

1. 组件装配　是从设计图样的某一部分（部件）中分解出来的，通常由几个零件连接成为一个单独构件的装配，一般称为装配的基本单元，组件装配有装配工艺卡。组件装配应核查下列 2 项内容：

第一，基本零件（元器件）的规格、型号、尺寸是否符合图样要求。

第二，组装顺序是否符合工艺卡及工艺技术要求。

2. 部件组装　部件组装是以设计图样中某一部分为单位，将这部分所有零件都装配齐全，使之成为一个整件机构，也就是将组件、零件连接的过程。这种装配工艺卡由组件装配工序与零件的装配工序组成。部件装配应核查下列 3 项内容：

第一，组件装配是否符合图样要求（前道工序）。

第二，装配所需的零件（元器件）型号、规格、尺寸是否符合图样要求。

第三，装配的顺序是否符合工艺要求，安装的公差尺寸是否符合技术要求。

3. 总装配　是指由零件、组件、部件连接成一台整体仪表的过程。根据仪表的复杂程度，过程又可分为 Ⅰ 工序、Ⅱ 工序、Ⅲ 工序等。所以，这种装配工艺卡由部件组装工序、组件装配工序和零件装配工序组成。总装配应核查以下几项内容：

第一，组件装配、部件装配应符合图样要求。

第二，电气装配、电气连接是否可靠，接地是否良好。

第三，外观面板及机箱有无划痕损伤。

第四，绝缘、耐压是否符合技术要求。

第五，整机装配过程是否符合工艺卡的要求和图样要求。

四、常用调试设备

整机装配完成后，经检测调试合格后才能出厂。这里介绍的常用调试设备，有的超出本书范围，对其结构及工作原理可不必了解，能够按照产品说明书会使用即可。有些设备，如直流稳压电源、示波器、万用表等，后面的章节将作介绍。由于电子仪器的种类繁多，这里所介绍设备的型号、规格仅供参考，只要能满足调试精度的要求，其他型号、规格的仪器都可以选用。

（一）常用调试设备的名称、型号、规格

1. 电源

（1）直流稳流源（YJ92/5）0～10 A 100 W

（2）直流稳压稳流源（YJ92/3）0～10 A 0～30 V

2. 电压表（电流表）

（1）5$\frac{1}{2}$数字电压表（8 840）

（2）4$\frac{1}{2}$数字电压表（VP－2 661A）

（3）普通万用表（500 型）

（4）10 A 电流表（C72）

3. 兆欧表（ZC－7）500 V 1 000 MΩ

4. 耐压试验台（CJ2670） 1.5 kV

5. 示波器 XJ4312 型双踪示波器

6. 标准电阻箱（0.01 级）

7. 毫伏表（DA－16）

（二）常用调试设备的连接和使用

1. 连接 YJ10 调整校正工装见图 1-36。

2. 使用

第一，打开电源（YJ10）指示灯亮。

第二，SA 转换开关接通 0.1Ω 标准电阻。

第三，调 YJ10 输出旋钮，输出 10 A（C72 电流表显示），

5$\frac{1}{2}$数字电压表显示为：10（A）× 0.1（Ω）＝ 1（V）

第四，YJ10 电源表头的显示应与电流表显示一致，误差＜±2%。

第五，按秒表 1 min，稳定度变化小于 1V 的 1/10 000，即0.1 mV。

第六，SA 开关接通 1 kΩ 标准电阻。

第七，调 YJ10 输出旋钮，输出 1 mA，数字电压表显示

1 (mA)×1 (kΩ)=1 (V)。

第八，按秒表 1 min，稳定度变化小于 1V 的 1/10 000。

第九，SA 开关接通 0.6Ω 负载。

第十，调 YJ10 输出旋钮，输出 10 A，数字电压表显示 10 (A)×0.6 (Ω)=6 (V)。

第十一，此时毫伏表显示应小于 1 mV（纹波电压）。

第十二，电源电压变化（220±10%）V（198～242V），电源输出应正常。

经上面调试，符合技术指标，YJ10 电源即为调试合格。

（三）有关调试的相关要求

第一，开机前，调试人员应仔细阅读产品的调试工艺文件，熟练掌握测试用的仪器仪表的使用方法，并能按工艺正确连接仪表。

第二，所使用的仪器仪表应是经过计量认证并在有效期内，仪器仪表的精度要高于被测仪表的精度。

第三，在调试过程中要注意安全，地面上放置绝缘胶垫（包括仪器仪表底部放置绝缘垫），为防止干扰，应进行必要的屏蔽。

第四，调试仪表应有统一良好的接地。

第五，要正确操作调试仪表，注意选好量程、校准零点。

复习思考题

1. 零部件在装配前为什么要进行清理和预处理？怎样进行清理和预处理？

2. 装配工作中常用的材料有哪些？对这些材料如何进行选择和使用？

3. 电子仪器仪表装配完成后，怎样进行最后的检测和调试？

第三章　晶体管的结构及工作原理

第一节　半导体基础知识

一、物质的导电性

物质按其导电性能可分为导体、绝缘体和半导体。导体的导电性能很好，如银（Ag）、铜（Cu）、铝（Al）等，它们在电力工业和电子工业中得到广泛应用；绝缘体基本不导电，如云母、塑料、陶瓷、玻璃等。众所周知，绝缘材料也有着重要的应用。导电性能介于导体和绝缘体之间的一些物质，如硅（Si）、锗（Ge）、硒（Se）等，称为半导体。由于它既不导电，又不绝缘，所以不被人们重视，很长时间没有得到应用。直到 20 世纪中叶，人们发现半导体材料有许多独特的特性，如热敏、光敏、压敏、气敏特性等。更重要的是，如果在纯净的半导体中掺入微量的某种杂质后，它的导电能力就可增加几十万乃至几百万倍。利用这种特性就做成了各种不同用途的半导体器件，如半导体二极管、半导体三极管、场效应管等。

目前，使用最多的半导体材料是硅和锗。

二、晶体结构

一种物质的原子（或分子）严格按照一定的规律整齐排列，这种物质就称为晶体。半导体材料硅和锗就是这种晶体结构，所以半导体也称为晶体，这就是半导体管也称为晶体管的由来。

（一）半导体的共价键结构

硅和锗都是四价元素，最外层原子轨道上有 4 个电子，称为价电子。由于原子呈中性，故原子核用带圆圈的"＋4"符号表示。具有晶体结构的半导体，它们的原子形成有序的排列，每个原子外的价电子与邻近原子的价电子形成共价键结构，如图 3-1 所示。

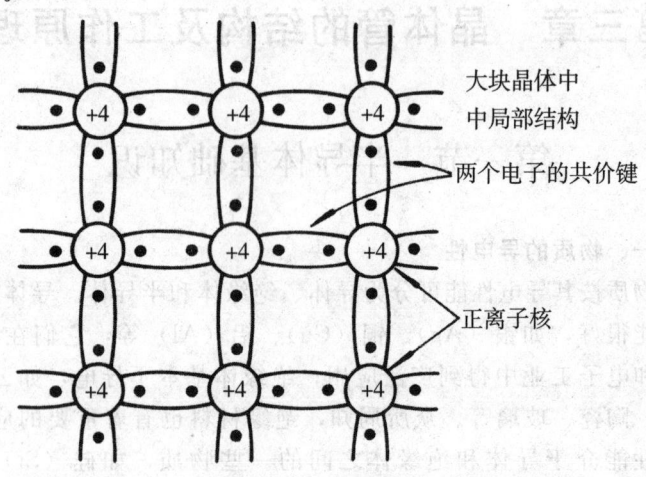

图 3-1　半导体的晶格及共价键结构示意图

（二）多晶体和单晶体

在一整块半导体材料中，未经特殊加工前，各处晶格的取向不完全一致，这种晶体称为多晶体。多晶体不能用来制作半导体器件，只有经过特殊加工（拉单晶），使整块晶体的晶格取向完全一致，且无错位、无缺陷，变成单晶体，才能用来制作各种半导体器件。

（三）本征半导体和杂质半导体

一种完全纯净的、结构完整的单晶体称为本征半导体。在绝对零度（0°K，约为－273℃）和没有外界激发时，本征半导体的导电性类似绝缘体，基本不导电。这是因为每一原子的外围电子被共价键所束缚，不能参与导电。但是，当温度不是绝对零度，如室温（约300°K），有一些价电子得到足够的随机热振动能量而挣脱共价键的束缚，成为自由电子，共价键中留下一个空位，这个空位叫作空穴。如图 3-2 所示，这种现象称为本征激发，本征激发的特点是电子和空穴成对出现。电子带负电荷，空穴带与电子等量的正电荷。

在外电场的作用下，半导体材料中的电子和空穴都可以参与导电。电子沿电场的反方向运动，形成电流；空穴沿电场方向移动，也形成电流。空穴的移动是由于价电子依次填补而形成的。由于电子和空穴都是可以运载电荷的粒子，所以电子、空穴都称为载流子。

本征半导体掺入微量的杂质，就会使其导电性能发生显著的变化。这种半导体称为杂质半导体。因掺入杂质的性质不同，杂质半导体可分为空穴（P）型半导体和电子（N）型半导体两大类。

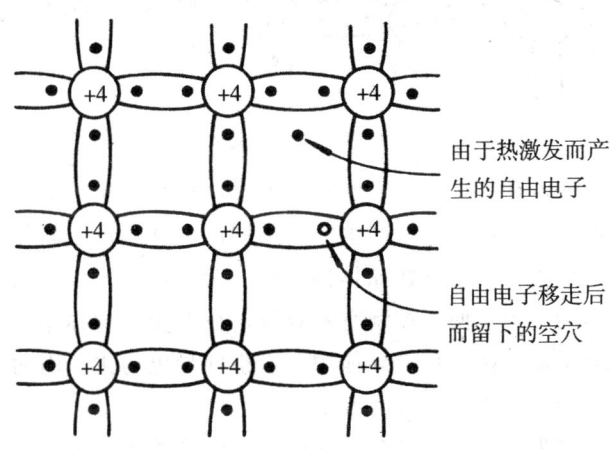

图 3-2 半导体的本征激发及所产生的电子－空穴对

1. P型半导体 在硅（或锗）的晶体内掺入少量三价元素杂质，如硼（B）、铟（In）或铝（Al）等，因这种杂质的原子只有3个价电子，与周围的硅原子组成共价键时，因缺少1个电子而在晶体中便产生一个空位，当相邻共价键上的电子受到热或其他条件激发时，就有可能填补这个空位，使硼原子成为不能移动的负离子，原来硅原子的共价键则因缺少一个电子而形成了空穴。

由于得到电子的硼原子带负电，空穴带正电，因此半导体呈中性，如图 3-3 所示。

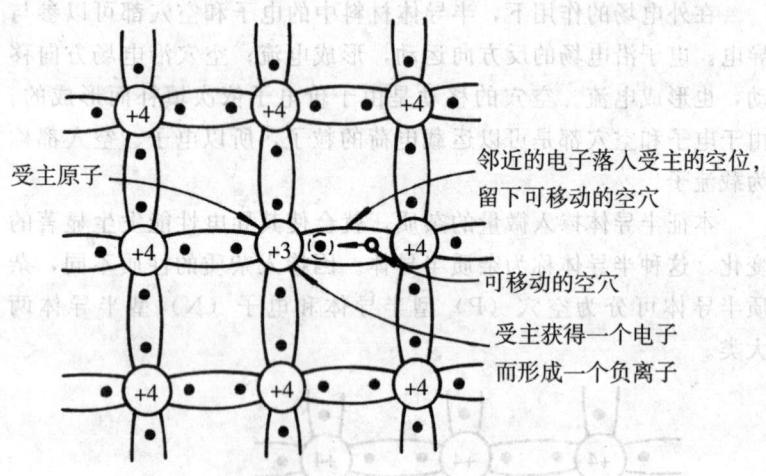

受主原子

邻近的电子落入受主的空位，留下可移动的空穴

可移动的空穴

受主获得一个电子而形成一个负离子

图 3-3　P 型半导体的共价键结构

因为硼或铟在硅晶体中能接受电子，故称为受主杂质或 P 型杂质。值得注意的是，在产生空穴的同时，并不产生新的自由电子，只是由于本征激发在晶体内产生少量的电子—空穴对。控制掺入杂质的多少，便可控制空穴数量。在 P 型半导体中，空穴数远大于电子数。在这种半导体中，以空穴导电为主，因而空穴为多数载流子，电子为少数载流子。

2. N 型半导体　如果在硅（或锗）的晶体内掺入少量的五价元素杂质，如磷（P）、砷（As）或锑（Sb）等，因这些杂质的原子有 5 个价电子，与周围的硅原子组成共价键时，便多余 1 个电子。这个电子由于不受共价键的束缚，因此很容易受热激发而成为自由电子，如图 3-4 所示。这种能给出电子的五价杂质原子称为施主原子，失去电子后的施主原子就成为一个不能移动的正离子，使半导体仍保持中性。值得指出的是，在产生自由电子的同时，并不产生相应的空穴。所以，掺入施主杂质的半导体中会有多余的自由电子，故称为电子型半导体或 N 型半导体。在 N 型半导体中，电子为多数载流子，空穴为少数载流子。控制掺入杂质的多少，便可以控制电子的数量。

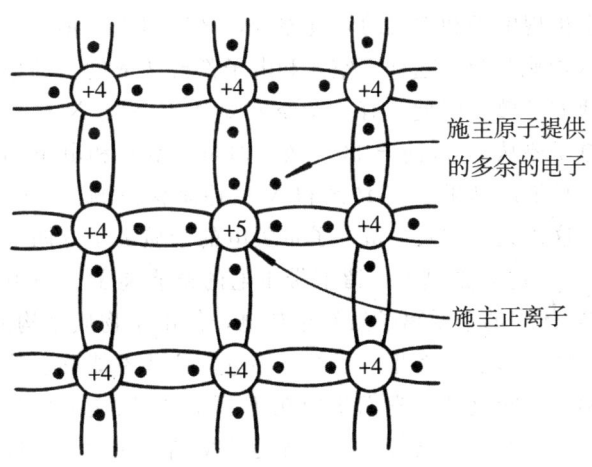

施主原子提供的多余的电子

施主正离子

图 3-4　N 型半导体的共价键结构

综上所述，在掺入杂质后，载流子的数目都有相当程度的增加。若每个受主杂质都能产生一个空穴，每一个施主杂质都能产生一个自由电子，尽管杂质含量很低，但它们对半导体的导电能力有很大的影响。因此，掺杂是提高半导体导电能力的有效方法。

第二节　晶体二极管

一、PN 结的形成及特性

如前所述，P 型半导体中含有大量的空穴（带正电荷）和不能移动的受主离子（带负电荷）。N 型半导体中含有大量的电子（带负电荷）和不能移动的施主离子（带正电荷）。当然，由于本征激发，在 P 型半导体中还有一定数量的少数载流子电子；在 N

型半导体中也有一定数量的少数载流子空穴。必须指出，在半导体中的正、负电荷的数量是相等的，因此保持电中性。

（一）PN 结的形成

如果把 P 型半导体和 N 型半导体紧密结合在一起，在交界面处就会出现电子和空穴的浓度差别，P 区内空穴很多而电子很少，N 区内则相反。这样，空穴和电子都要从浓度高的地方向浓度低的地方扩散。因此，有一些空穴要从 P 区向 N 区扩散，也有一些电子要从 N 区向 P 区扩散。但是，空穴和电子都是带电的，它们扩散的结果就使 P 区和 N 区原来保持的电中性被破坏了。P 区这边失去空穴，留下了带负电的杂质离子（图中用⊖表示）；N 区一边失去电子，留下带正电的杂质离子（图中用⊕表示）。半导体中的杂质离子虽然也带电，但由于物质结构的关系，它们不能任意移动，因此并不参与导电。这些不能移动的带电粒子通常称为空间电荷，它们集中在 P 区和 N 区交界面附近，形成了一个很薄的空间电荷区，这就是 PN 结。在这个区域内，多数载流子已经扩散到对方并被复合掉了，或者说消耗尽了，因此空间电荷区又被称为耗尽层。耗尽层的电阻率很高。扩散越强，空间电荷区越宽。

出现了空间电荷区以后，由于正负电荷之间的相互作用，在空间电荷区中就形成了一个电场，其方向是由带正电荷的 N 区指向带负电荷的 P 区。由于这个电场是由载流子扩散而在内部形成的，故称为内电场。显然，内电场的方向是阻止多数载流子进一步扩散的，所以，PN 结又被称为阻挡层。PN 结的形成如图 3-5 所示。

上面我们只注意多数载流子的扩散运动，实际上，由于本征激发，在 P 区和 N 区还存在一定数量的少数载流子。内电场的形成有助于 P 区的少数载流子（电子）向 N 区运动，也有助于 N 区的少数载流子（空穴）向 P 区运动，少数载流子在内电场作用下的运动称为漂移运动。漂移运动的方向正好与扩散运动的方向相反，这就使空间电荷减少，空间电荷区变窄，其作用恰好与扩散运动相反。当扩散运动和漂移运动相等时，空间电荷区内的载流子运动便处于动态平衡状态，这就形成一个一定宽度、稳定的空间电荷区，即形成了稳定的 PN 结。

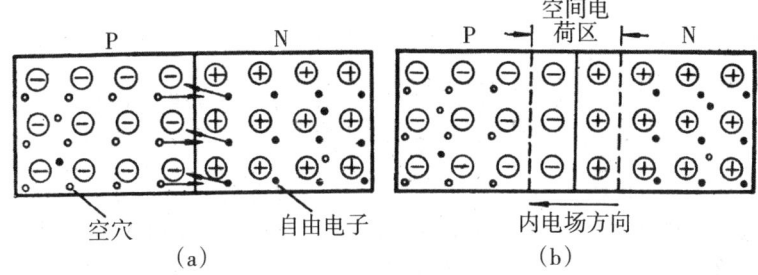

图 3-5　PN 结的形成

（二）PN 结的特性

PN 结有许多特性，其中最主要的就是单向导电性。上面所讨论的 PN 结处于平衡状态，称为平衡 PN 结。PN 结的单向导电性只有在外加电压时才能显示出来。

1. 外加正向电压　在图 3-6 中，PN 结加上外加电压 V_F，而且 V_F 的正极接 P 区，负极接 N 区，外加电场与内电场方向相反。由于外电场削弱了内电场，使空间电荷减少，PN 结变窄，有利于多数载流子的扩散运动。这时，外加的电压称为正向电压或正向偏置电压。在正向电压的作用下，P 区的空穴不断扩散到 N 区，N 区的电子不断扩散到 P 区，形成正向电流 I_F。当外加电压升高，PN 结的内电场便进一步减弱，扩散电流随之增加，在正常工作范围内，PN 结上外加电压只要稍有变化，便能引起电流的显著变化，因此，电流 I_F 是随外加电压急速上升的。此时，由少数载流子形成的漂移电流，方向与扩散电流相反，其数值很小，可以忽略不计。

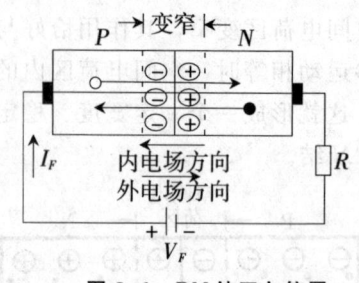 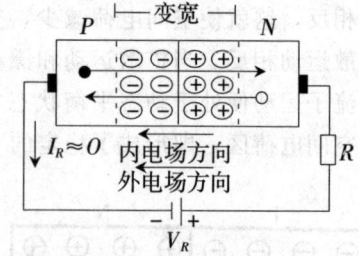

图 3-6　PN 结正向偏置　　　　**图 3-7　PN 结反向偏置**

2. 外加反向电压　图 3-7 是 PN 结加反向电压的情况，外加电压 V_R 的正端接 N 区，负端接 P 区，外电场的方向与 PN 结内电场方向相同。在这种外电场作用下，P 区的空穴和 N 区的电子都将进一步离开 PN 结，使耗尽区厚度加宽，PN 结处于反向偏置。这样，P 区和 N 区中的多数载流子就更难越过 PN 结，因此，扩散电流趋近于零。但是，由于结电场的增加，使少数载流子更容易产生漂移运动，形成电流，因此在这种情况下，PN 结内的电流就由漂移电流所决定。漂移电流与扩散电流的方向相反，如图中 I_R 所示。由于少数载流子的浓度很小，所以 I_R 很微弱，一般在微安量级。必须指出，少数载流子是由本征激发产生的，所以 I_R 对温度非常敏感。在温度一定时，I_R 的值也趋于恒定，而与外加电压 V_R 几乎无关。于是，反向电流 I_R 就是反向饱和度流，用 I_S 表示。

PN 结正向偏置时，呈现出一个很小的电阻，允许很大的电流通过，可以称 PN 结处于正向导通状态，在电路中相当一个闭合的开关，常用符号 ON 表示。而方向偏置的 PN 结，呈现出一个很大的电阻，可以认为它基本是不导电的，称 PN 结处于反向截止状态，在电路中相当一个断开的开关，常用符号 OFF 表示。由此看来，正向偏置的 PN 结，允许电流通过，反向偏置的 PN 结，不允许电流通过，这就是 PN 结的单向导电性。

二、晶体二极管

把 PN 结封装起来并做出引线便是晶体二极管，也称作半导体二极管，简称二极管。PN 结的单向导电性也是普通二极管的基本特性。

（一）二极管的结构及电路符号

晶体二极管按制作材料分，主要有锗材料和硅材料两种；按其结构的不同可分为点接触型和面接触型两大类。常用二极管的结构及电路符号如图 3-8 所示

点接触型二极管的 PN 结结面积很小，因此不能通过较大电流，但其高频性能好，一般适用于高频小功率电路中。面接触型二极管的 PN 结结面积大，故能通过较大电流，但其工作频率较低，一般用作整流。

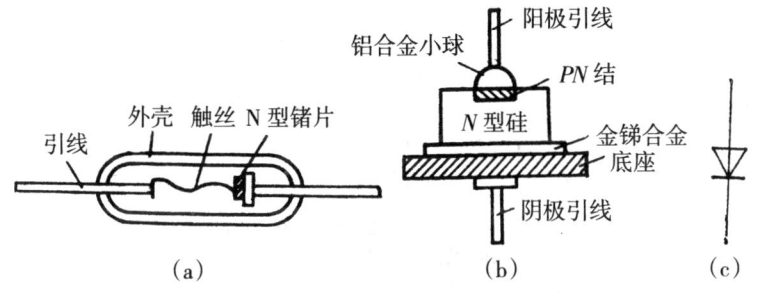

图 3-8　晶体二级管的结构及电路符号

（a）点接触型　（b）面接触型　（c）电路符号

（二）二极管的伏安（V－I）特性曲线及主要参数

1. 二极管的伏安特性曲线　二极管的单向导电特性是由其内部的 PN 结决定的，描述通过二极管的电流和两端电压的关系，可用伏安特性曲线表示，如图 3-9 所示。当外加正向电压很低时，由于外电场还不能克服 PN 结内电场对多数载流子扩散运动所形成的阻力，使得正向电流很小，这时称作二极管的死区。硅管死区电压一般为 0.5～0.7 V，锗管死区电压一般为 0.1～0.3 V，二极管在死区内电阻很大。当正向电压超过死区电压以

后，内电场被大大削弱，电流增长很快，二极管电阻变得很小。由于正向电流越大，PN 结发热越严重，故正向电流也不能无限地增大。

在二极管加上反向电压时，由少数载流子漂移运动形成的反向电流很小。反向电流有两个特点：一是它随温度的上升而增长；二是在反向电压不超过某一范围时，反向电流的大小基本恒定，故通常称这一电流为反向饱和电流。而当外加反向电压超过某一数值时，反向电流将突然增大，二极管失去单向导电性，这种现象称为击穿。普通二极管被击穿后一般不能恢复原来的性能。产生击穿时加在二极管上的反向电压称为反向击穿电压 U_{RB}。

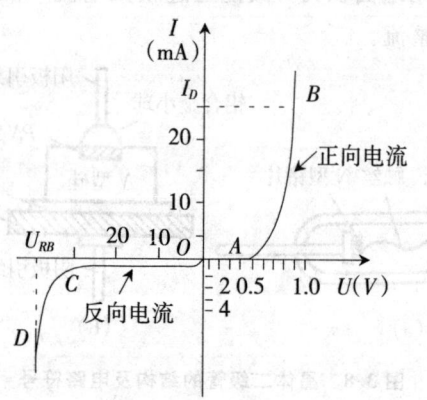

图 3-9　二极管伏安特性曲线

2. 二极管的主要参数

（1）最大整流电流 I_F　是管子长期运行允许通过的最大平均电流，是由 PN 结的结面积和散热条件决定的，使用时应注意通过二极管的平均电流不能大于这个数值。点接触二极管的 I_F 为几十毫安以下，面接触型二极管可达数百安培。

（2）最大反向工作电压 V_{RM}　是指二极管所允许的最高反向电压值，一般是反向击穿电压 U_{RB} 的 1/2 或 2/3。点接触型二极管的最高反向工作电压一般是数十伏，面接触型二极管最高可达数千伏。

（3）最大反向电流 I_{RM}　是指二极管加上最大反向工作电压时的反向电流值。反向电流大，说明二极管的单向导电性能差，I_{RM} 受温度影响较大。硅管的最大反向电流一般在 $1\,\mu\mathrm{A}$ 以下，锗管的最大反向电流较大，一般为硅管的十几倍到几百倍。

3. 二极管的极性判别和质量检测　用万用表可对二极管进行极性判别和一般质量检测。检测时，将万用表置于 $R\times100\Omega$ 或 $R\times1\mathrm{k}\Omega$ 挡，用红、黑表笔分别接二极管的引线，如图 3-10 所示，交换表笔应测得一大一小两个阻值。阻值小时是二极管导通，此时黑表笔接触的为二极管正极（阳极），红表笔接触的为二极管负极（阴极）；阻值大时是二极管截止，黑表笔接触的为二极管负极（阴极），红表笔接触的为二极管正极（阳极）。质量好的二极管正向电阻小，而反向电阻大。

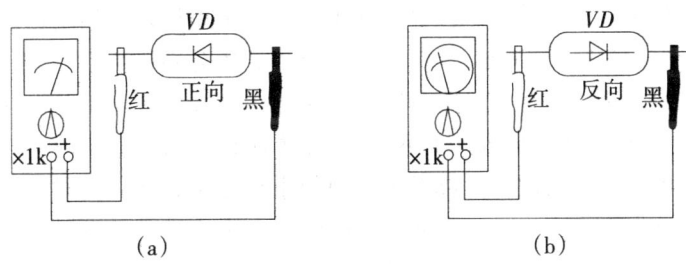

图 3-10　二极管的极性判别和质量检测

4. 二极管的分类及应用　二极管的分类方法很多。例如，按所用材料，可分为硅二极管和锗二极管；按其结构可分为点接触型和面接触型；按其用途可分为普通二极管和特殊二极管，普通二极管主要用于整流、检波、开关等，特殊二极管则包括稳压二极管、光电二极管、发光二极管等，它们在电子技术和自动控制领域得到广泛应用；按其工作频率可分为高频二极管和低频二极管，高频二极管主要用于检波和开关，低频二极管则主要用于整流。此外，还有许多特殊用途的二极管，如变容二极管、触发二极管、隧道二极管等，这里就不过多介绍了。

第三节　晶体三极管

二极管是由 2 块（P 型和 N 型）半导体、1 个 PN 结构成的，而三极管则是由 3 块半导体、2 个 PN 结构成的。按其 3 块半导体排列顺序的不同，可分为 PNP 和 NPN 两种类型。

一、晶体三极管的分类、结构及电路符号

晶体三极管，即半导体三极管，常简称为三极管。它的种类很多，按照工作频率分有高频管、低频管，按照功率分有大功率管、小功率管，按照所用材料分有硅管、锗管，按其结构的不同可分成 NPN 型和 PNP 型，等等。

NPN 型三极管是由 3 块半导体 2 个 PN 结构成的，中间是一块很薄的 P 型半导体，两边各为 1 块 N 型半导体。从 3 块半导体上各接出 1 根引线，这就是晶体管的 3 个电极，分别叫作发射极 e、基极 b、集电极 c。对应的 3 块半导体分别称为发射区、基区和集电区。虽然发射区和集电区都是 N 型半导体，但是发射区的 N 型半导体比集电区的 N 型半导体所掺的杂质多，因此，它们并不是对称的。当 2 块不同类型的半导体结合在一起时，交界面处就会形成 PN 结。因此，三极管有 2 个 PN 结。发射区与基区间的 PN 结称为发射结，集电区与基区间的 PN 结称为集电结，2 个 PN 结通过很薄的基区联系着。NPN 型三极管的结构及电路符号如图 3-11 所示。

同样，PNP 型三极管也是由 3 块半导体、2 个 PN 结构成的，中间是 1 块很薄的 N 型半导体，两边是 P 型半导体。杂质浓度大的 P 型区是发射极，杂质浓度小的 P 型区为集电极，很薄的 N 型区为基极。PNP 型三极管的结构及电路符号如图 3-12 所示。

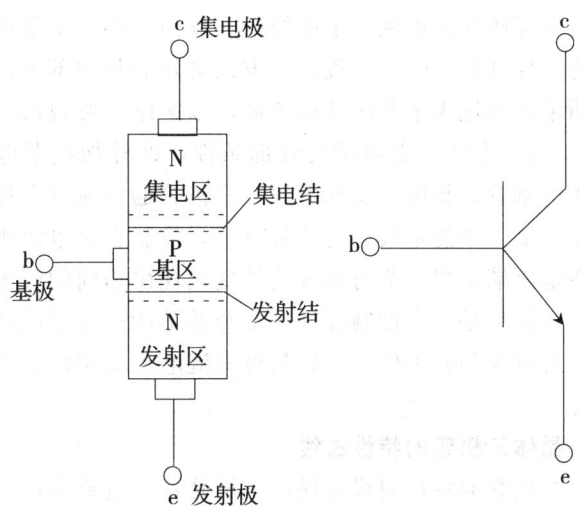

图 3-11　*NPN* 型三极管的结构及电路符号

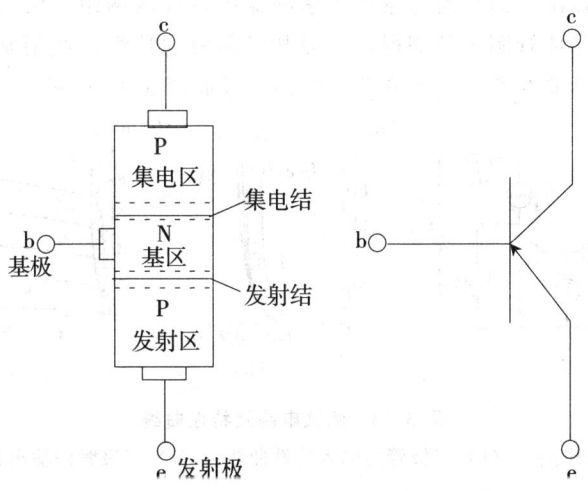

图 3-12　*PNP* 型三极管的结构及电路符号

二、晶体三极管的电流放大作用

三极管的放大作用实质上是一种电流控制作用,因为它的发射极电流在穿越基区而到达集电极的过程中，必须受基极电流的控制。为了保证这一传输过程，一方面必须满足内部条件，即发射区杂质浓度要远大于基区杂质浓度，基区厚度要很薄（只有几个微米）。另一方面还必须满足外部条件，即外加电源电压保证发射结正向偏置，集电结反向偏置。三极管的电流放大作用，其实是用输入端一个能量较小的信号电流，控制直流电源所供给的能量，在输出端获得一个与输入信号变化规律相同的较大的信号电流。三极管只是一个控制元件，本身并不能产生新的能量，所谓对信号有放大和开关作用，只是对直流电源提供的能量进行转换罢了。

三、晶体三极管的特性曲线

晶体三极管的特性曲线是描述三极管各极电流和极间电压关系的曲线，通常有反映输入回路电流与电压关系的输入特性曲线和反映输出回路电流与电压关系的输出特性线两组。两组特性曲线可用晶体管图示仪测得，一般共发射极的特性曲线最常用。三极管特性曲线测试电路和两组特性曲线如图3-13所示。

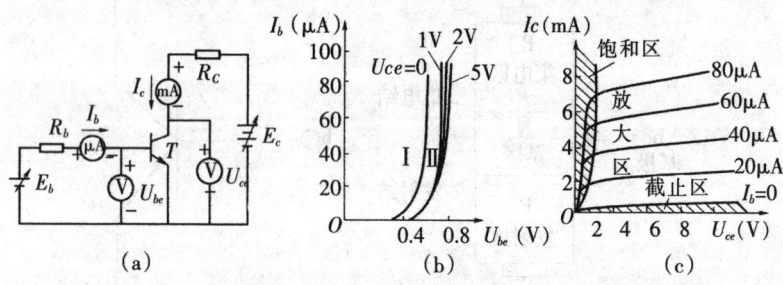

图3-13 测试电路及特性曲线

（a）测试电路　（b）三极管的输入特性曲线　（c）三极管的输出特性曲线

（一）输入特性曲线

输入特性曲线是指集电极与发射极之间的电压 U_{ce} 为某一常数时，输入回路中基极与发射极之间的电压 U_{be} 与基极电流 I_b 之间的关系曲线。当 $U_{ce}=0$，即 $I_c=0$ 时，U_{be} 与 I_b 的关系如图3-

13（b）中曲线Ⅰ所示。当 $U_{ce}>1$V 以后，曲线Ⅰ向右移动，如图 3-13（b）中曲线Ⅱ所示。这说明在集电结加反向电压时，要维持同样大小的 I_b，必须增加发射结正向电压 U_{be}。如果继续增加 U_{ce}，曲线向右移动很少，这是因为 U_{be} 一定时，由发射区注入基区的载流子数量一定，而集电结加较低的反向电压已经使大部分载流子进入集电区，从而即使 U_{ce} 再增加，I_b 也不能再明显减小。一般情况下，只要给出 $U_{ce}>1$V 的一条输入特性曲线，就可以代表 U_{ce} 为其他数值的情况。当 U_{be} 较低时，$I_b=0$，这是因为 U_{be} 较低时不能有效地削弱发射结的内电场，因而发射区很难向基区注入载流子。$I_b=0$ 这一段称为死区，只有发射结外加电压大于死区电压时，三极管才会出现 I_b。硅管死区电压约为 0.5 V，锗管死区电压约为 0.1 V。

（二）输出特性曲线

输出特性曲线是指在基极电流一定的情况下，三极管集电极与发射极之间的电压 U_{ce} 与集电极电流 I_c 之间的关系曲线。

测量输出特性曲线时，使 I_b 保持某一常数，改变 E_c，即获得不同的 U_{ce} 值，测出相应的 I_c，可得一条曲线，然后改变 I_b 为另一常数，可得另一条曲线。当 $I_b=0$ 时，发射区基本上无载流子注入基区，此时对应的集电极电流 $I_c=0$。当 I_b 增大时（U_{be} 应大于死区电压），发射区向基区注入载流子，由于集电结反向偏置，注入到基区的载流子绝大部分进入集电区而形成集电极电流 I_c，继续增大 I_b，则 I_c 也相应增大，而且 I_c 的增加比 I_b 快得多，这就是三极管的电流放大作用。当 I_b 一定时，发射区向基区注入的载流子数量也是一定的，当 U_{ce} 达到一定数值以后，这些载流子基本上全部进入集电区而形成 I_c，即使 U_{ce} 继续增加，I_c 也不再有明显增加。从图 3-13（c）所示的输出特性曲线可以看出，三极管可以工作在 3 个不同的区域，即它 3 种不同的工作状态。

四、晶体三极管的主要参数

(一) 电流放大系数 β

晶体管接成共发射极电路时，在静态下（无输入信号）集电极电流 I_c（输出电流）与基极电流 I_b（输入电流）之比被称为静态（直流）电流放大系数，即 $\bar{\beta} = I_c / I_b$。在动态（有输入信号）情况下，集电极电流增量 ΔI_c 与基极电流增量 ΔI_b 的比值称为动态电流（交流）放大系数，即 $\beta = \Delta I_c / \Delta I_b$。$\bar{\beta}$ 和 β 两者在数值上很接近，以后就不加区别了，都用 β 来表示。β 值的大小反映了晶体三极管对信号的放大能力，β 值随温度、电压、电流的变化而略有变化。

(二) 击穿电压

三极管的两个 PN 结，如反向电压超过规定值，就会发生击穿。因此，在使用三极管时，为了安全，不允许超过下述几个参数的规定值：

集电极—基极击穿电压 BV_{cbo}，即发射极开路，集电极—基极间的反向击穿电压。

发射极—基极击穿电压 BV_{ebo}，即集电极开路，发射极—基极间的反向击穿电压。

集电极—发射极间的击穿电压有 3 种不同情况，分别用 BV_{ces}、BV_{cer}、BV_{ceo} 表示。

BV_{ces}，即发射极与基极短路时，集电极—发射极间的反向击穿电压。

BV_{cer}，即发射极与基极间接有电阻时，集电极—发射极间的反向击穿电压。

BV_{ceo}，即基极开路时，集电极—发射极间的反向击穿电压。

(三) 反向饱和电流

I_{cbo}，即发射极开路，集电极与基极间加一反向电压时的集电极饱和电流。

I_{ceo}，即基极开路，集电极与发射极间加一反向电压时的集电极饱和电流。

I_{ebo}，即集电极开路，发射极与基极间加一反向电压时的发射极饱和电流。

（四）集电极最大允许电流 I_{CM}

I_{CM} 是指三极管参数变化不超过允许值时，集电极允许的最大电流。当电流超过 I_{CM} 时，管子性能将明显下降，甚至造成管子损坏。

（五）集电极最大允许损耗功率 P_{CM}

P_{CM} 表示集电结上允许损耗功率的最大值，超过此值就会使管子性能下降甚至烧坏。集电极损耗功率为 $P_{CM} = I_C U_{ce}$，在实际应用中，常在输出特性曲线上绘出最大功耗曲线。三极管工作时，功能不能超出此线。

五、晶体三极管的测试与选择

（一）晶体三极管的测试

晶体三极管在使用前必须进行测试，避免装配后因三极管的质量问题而造成拆卸、返工等麻烦。晶体三极管的测试，在有条件的情况下，应该用晶体管图示仪进行检测。这样，不仅可以观察到晶体管的输入、输出特性曲线，而且对晶体管的电流放大系数 β、击穿电压及反向饱和电流等参数也一目了然。

在不具备上述测试条件时，也可以用普通的万用表进行粗略的判断。因为三极管是由两个 PN 结构成的，可以仿照检测二极管的方法，判断三极管的两个 PN 结的好坏。如果两个 PN 结都是好的，三极管一般就是好的。另外，有些万用表上带有简单的晶体管测试装置，可以用来测量晶体管的电流放大系数 β 等参数。虽然测量结果不够精确，不能作为电路设计的依据，但也足以满足对晶体管简单测试的需要，而且具有使用方便的优点。

无论是使用晶体管图示仪，还是使用万用表对晶体管进行测试，都必须先知道被测晶体管是 PNP 型还是 NPN 型，并且要判断出 e、b、c 三个极，然后才能进行测试。先介绍 PNP 型和

NPN 型的判别：因为三极管有三个电极（e、b、c）和两个 PN 结，所以必然有一个极是两个 PN 结公用的，这就是基极 b。在用万用表测试三极管的两个 PN 结时，很容易找出这个基极 b。如果这个基极 b 是两个 PN 结负极（阴极），即 N 区，那么，这个三极管就是 PNP 型；反之，这个基极 b 是两个 PN 结正极（阳极），即 P 区，那么，这个三极管就是 NPN 型。下面再介绍如何判断发射极 e 和集电极 c：由于发射区的掺杂比集电区高，所以发射结的正向电阻比集电结的正向电阻小，可以用测量两个 PN 结正向电阻的方法来判断 e 和 c。但有时两个 PN 结的正向电阻的差别不是特别明显，可以在基极 b 已经确定后，任意指定一个极为发射极 e，另一个极为集电极 c，然后用图示仪或万用表上带有的晶体管测试装置测量晶体管的电流放大系数 β。如果 β 很大（一般为几百左右），则说明指定的 e 和 c 是正确的；如果 β 很小，甚至小于 1，则说明指定的 e 和 c 是不正确的。此时，将 e 和 c 对调再测 β，这时 β 一定很大了。如果 β 仍然很小，就说明这个晶体管已经损坏了。

（二）晶体三极管的选择

要根据电路对晶体管的要求来选择晶体管，不一定是性能越好、价格越高的晶体管就一定越好。晶体管在电路中一般做放大、振荡或开关用。在开关电路中，为了提高开关速度，应选用开关晶体管；在一般放大或振荡电路中，应根据其工作频率来选择高频管或低频管；还要根据电路对输出功率的要求，决定选用小功率晶体管还是大功率晶体管；在弱信号、低噪声的电路中，应该选用低噪声晶体管或低噪声场效应管。必须指出，同种类型晶体管也是种类繁多，选择时可以多查阅一些晶体管手册，选择那些信誉高、产品质量好、售后服务周到、价格合理的生产厂家。

第四节　集成电路简介

集成电路是将有源器件（如晶体三极管、场效应管等）、无源元件（如电阻、电容等）及其相互连接布线等制作在一块半导体或绝缘基片上，加以密封并做出引线，形成结构上紧密联系、外观上看不出所用器件的一个整体电路。

一、集成电路的分类

目前，集成电路通常分为数字集成电路和模拟集成电路。前者是由若干个逻辑电路组成，后者是由各种线性及非线性电路组成。就集成度而言，集成电路分为小规模、中规模、大规模和超大规模集成电路，它表明了一个基片上所集成的元器件的数目。从结构上看，集成电路又有半导体集成电路、厚膜集成电路及混合这两种工艺做成的混合集成电路。

集成电路具有体积小、质量轻、功能集中、工作可靠、功耗低、价格低、大大简化了产品的结构等优点，被广泛用于电子设备及电子计算机中。

根据国家 GB/T 3430—1989 规定，半导体集成电路的型号由五部分组成，各部分的意义见表 3-1。

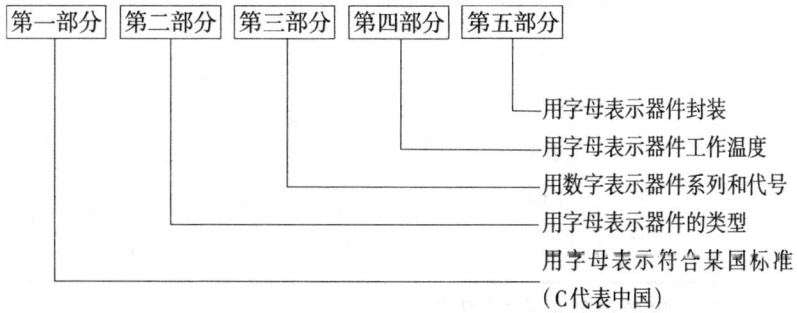

表 3-1 集成电路型号各部分组成及意义

第一部分		第二部分		第三部分	第四部分		第五部分	
符号	意义	符号	意义	数字	符号	意义	符号	意义
C	中国制造	T	TTL		C	0℃~70℃	B	塑料扁平
		H	HTL		E	−40℃~85℃	F	多层陶瓷扁平
		E	ECL		R	−55℃~85℃	D	多层陶瓷双列直插
		C	CMOS		M	−55℃~125℃	P	塑料双列直插
		F	线性放大器		……	……	J	黑瓷双列直插
		D	音响、电视电路				K	金属菱形
		W	稳压器				T	金属圆形
		J	接口电路				……	……
		B	非线性电路				……	……
		M	存储器					
		μ	微型机电路					
		……	……					

二、集成电路的引脚识别

集成电路有圆筒形管壳和扁平形管壳。管壳可以是金属的，也可以是陶瓷或塑料的。一般用 W 表示陶瓷封装，用 B 表示塑料封装等。部分集成电路外形图如图 3-14 所示。

（一）扁平封装或双列直插封装集成电路管脚识读

面向集成电路印有型号的一面，从有标记端的左侧第一脚逆时针起依次为 1、2、3……，读完一侧后逆时针转至另一侧再读，如图 3-15 所示。

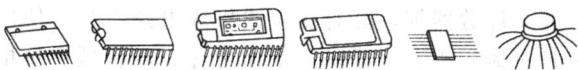

图 3-14　部分集成电路外形图

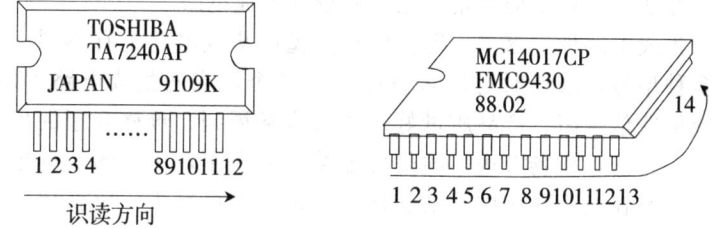

图 3-15　扁平封装集成电路的管脚识别

（二）金属圆筒形封装集成电路的管脚识读

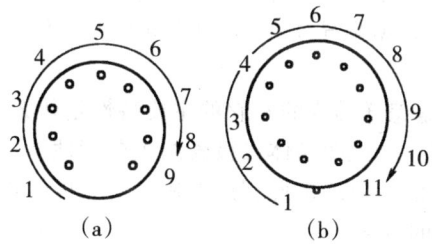

图 3-16　金属圆筒封装集成电路的管脚识别

金属圆筒封装集成电路管脚排列方法有两种。

1. 管脚距离不等排列　识读方法为面对管脚，以两脚间距最大处为标志，将标志朝下，左边第一脚为 1，顺时针依次为 2、3……，如图 3-16（a）所示。

2. 管脚间等距离排列　这种集成电路封装时通常有凸键作为标志。面对管脚，以管边缘凸键为标志，标志朝下，左边起以顺时针方向数管脚为 1、2、3 ……，如图 3-16（b）所示。

三、集成电路的应用

随着集成工艺的发展，集成电路已由中、小规模集成电路发展到大规模和超大规模集成电路阶段。过去由分立元件组装而成的放大器、振荡器、功率放大器、稳压电源，以及各种逻辑门电路、触发器、计数器等，都有相应的集成电路产品。使用集成电路，不仅具有体积小、重量轻、工作可靠、功耗低、价格低等优点，而且其性能指标远远高于由分立元件组装而成的电路。所以，在实际工作中应尽量选用高质量的集成电路。

集成电路种类繁多，即使同种类型的集成电路也有不同厂家的多种型号，选择时可以多查阅一些各个厂家的集成电路手册，选择那些信誉高、产品质量好、售后服务周到、价格合理的生产厂家。目前，市场上进口的集成电路产品很多，国产的品种也不少，可以在实际使用中总结和比较，进口的产品不一定就比国产的好，而且价格较高。

复习思考题

1. 物质按其导电性能可分为哪几种？它们各有什么用途？

2. 什么是 P 型半导体和 N 型半导体？它们是怎样通过掺杂而形成的？

3. PN 结是怎样形成的？它的主要特性是什么？

4. 结合图 3-9 说明晶体二极管的主要特性。

5. 通过实践，熟练掌握利用万用表对二极管进行极性判别和一般质量检测的方法。

6. 晶体三极管按其结构可分为哪两种？它们的电路符号是什么？

7. 通过实践，熟练掌握利用万用表对三极管进行极性（PNP、NPN）判别、管脚（e、b、c）识别和一般的质量检测。

8. 了解集成电路型号的命名方法，通过实践，掌握集成电路的引脚识别。

第四章　晶体管放大电路的构成与调试

第一节　放大器的基本概念

一、晶体管的三种基本接法

利用晶体管组成放大的电路，其中一个电极作为信号输入端，一个电极作为输出端，另一个电极作为输入、输出的公共端。根据公共端选择的不同，晶体管可有 3 种连接方式，又称 3 种组态：共发射极、共基极和共集电极接法（组态），常简称为共 E、共 B 和共 C 组态。在这 3 种连接方式中，共 E 组态的电压、电流放大倍数都很大，输入、输出电阻适中，尽管频率特性较差，但在低频放大器中还是用的最多；共 B 组态电流放大倍数小，电压放大倍数较大，虽然频率特性好，但输入电阻极低，输出电阻较高，常在高频放大电路中使用，一般低频放大器中很少使用；共 C 组态的电压放大倍数虽然很小（一般小于 1），但其电流放大功能强，输入电阻高而输出电阻低，频率特性适中，常用作输入级、输出级或缓冲级。

二、构成放大器的必要条件

前已述及，要使晶体管具有电流放大的作用，必须使发射结正向偏置、集电结反向偏置。晶体管构成放大器时，就是利用晶体管的电流放大作用，因此，也必须满足上述条件。由于共 E 组态电路用的最多，因此我们就以共 E 电路来介绍放大电路构成的必要条件。

图 4-1 是共 E 基本放大电路。图中，T 是 NPN 型硅三极管，V_{cc} 是集电极回路的直流电源（一般为几伏到几十伏），以保

证集电结为反向偏置；R_C 是集电极电阻（一般为几 kΩ 到几十 kΩ），它的作用是将晶体管集电极电流的变化转变为集电极电压的变化。V_{BB} 是基极回路的直流电源，以保证发射结为正向偏置；R_b 为基极偏置电阻（一般为几十 kΩ 到几百 kΩ），由 V_{BB} 经 R_b 为基极提供一个合适的基极电流 I_B（常称为偏流）。这个电流的大小为：

$$I_B = (V_{BB} - V_{BE}) / R_b$$

对于硅管，V_{BE} 约为 0.7 V；对于锗管，V_{BE} 约为 0.2 V。V_{BB} 一般为几伏到几十伏（常取 $V_{BB} = V_{CC}$），即满足 $V_{BB} \gg V_{BE}$，所以近似有：

$$I_B \approx V_{BB} / R_b$$

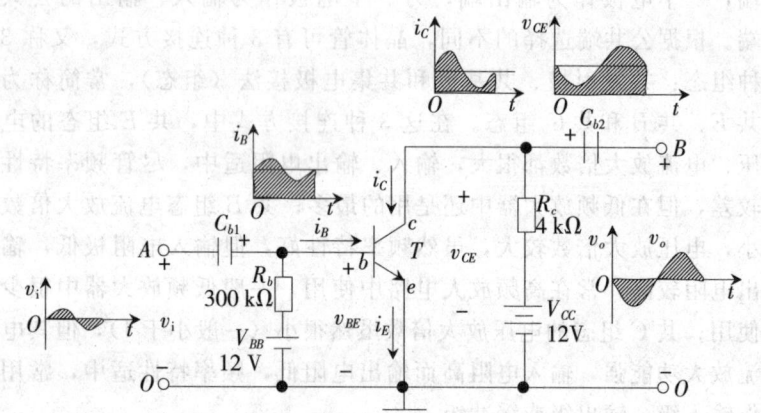

图 4-1　共射极基本放大电路

由上式可见，这个电路的偏流 I_B 决定于 V_{BB} 和 R_b 的大小。V_{BB} 和 R_b 确定以后，偏流 I_B 就是固定的。所以，这种电路称为固定偏流电路。R_b 又称为基极偏流电阻。

电容 C_{b1} 和 C_{b2} 称为隔直电容或耦合电容（一般为几微法到几十微法），它们在电路中的作用是"传送交流，隔断直流"。

待放大的输入电压 v_i 从电路的 A、O 两点（称为放大器的输入端）输入，放大后的输出电压 v_o 由 B、O 两点（称为放大器的输出端）输出。输入端的交流电压 v_i 通过电容 C_{b1} 加到晶体管的发射结，从而引起基极电流 i_B 相应的变化。i_B 的变化使集电极电流 i_C 随之变化。i_C 的变化量在集电极电阻 R_C 上产生电压降。集电极电压 $v_{CE} = V_{CC} - i_C R_C$，当 i_C 的瞬时值增加时，v_{CE} 就要减小，所以 v_{CE} 的变化恰与 i_C 相反，这种现象称为放大电路的反相作用。v_{CE} 中的变化量经过电容 C_{b2} 传送到输出端称为输出电压 v_o。如果电路参数选择适当，v_o 的幅度就将比 v_i 大得多，从而达到放大的目的。对应的电流、电压波形如图 4-1 所示。

值得指出的是，放大作用是利用晶体管基极电流对集电极电流的控制作用来实现的，即在输入端加一个能量较小的信号，通过晶体管基极电流去控制流过集电极电路的电流，从而将直流电源 V_{CC} 的能量转化为所需的形式供给负载。因此，放大作用实质上是放大器件的控制作用，放大器是一种能量控制部件。同时，还要注意放大作用是针对变化量而言的。

在放大电路中，常把输入电压、输出电压，以及直流电源 V_{CC} 和 V_{BB} 的共同端点（O 点）称为"地"，用符号"$\perp$"表示（注意，实际上这一点并不真正接到大地上），并以地端作为零电位点（参考电位点）。这样，电路中各点的电位实际上就是该点与地之间的电压（电位差）。例如，v_C 就是指集电极对地的电压。这些概念和术语，前面已作过初步的介绍，只是这里所讨论的放大电路要复杂得多。

为了分析方便，我们规定：电压的正方向是以共同端（O 点）为负端，其他各点为正端。图 4-1 所标出的"＋""－"号分别表示各电压的假定正方向，而电流的假定正方向如图中的箭头所示，即 i_C、i_B 以流入电极为正，i_E 则以流出电极为正。

图 4-1 是共射极基本放大电路，是实际应用得最广泛的一种电路组态。为了简化电路，一般选取 $V_{CC} = V_{BB}$。于是，图 4-1 的电路就简化为图 4-2 的简单画法。

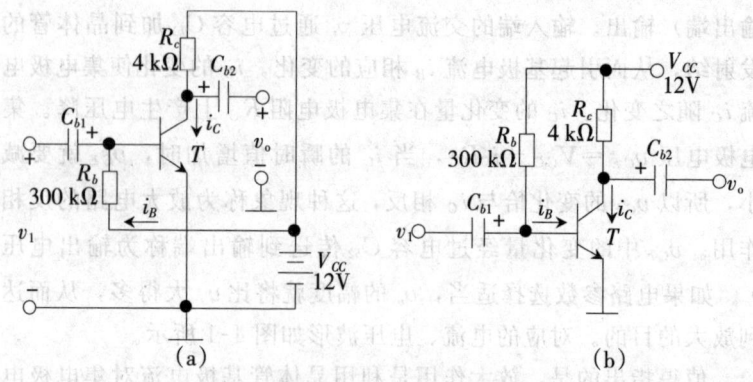

图 4-2　共射基本放大电路的简化

（a）简化电路　（b）习惯画法

　　输入信号经放大后总是要派以用处，如推动扬声器发出声音、带动继电器动作等。这些使用信号的器件统称为负载，一般用 R_L 表示（注意：在图 4-1、图 4-2 中，R_L 并未画出，在以后的电路中再作介绍）。麦克风将人讲话或唱歌的声音转变成电信号，经电压放大和功率放大（扩音机）后，推动扬声器（俗称喇叭）发出声音，我们说扬声器是扩音机的负载。同样，一条控制指令，经接收、放大等一系列处理后，推动继电器动作，实现某种控制功能，我们说继电器是控制系统的负载。在电路中，R_L 可以统称为负载电阻。值得注意的是，这里所说的负载电阻，不一定真的是一个纯电阻，而是扬声器、继电器等用电器件的总称。

　　人们在检修或调试电子设备（如一台扩音机）时，当然要接上负载后才能开始正常的检修工作，但是，有时受环境（不允许过大的噪声）、条件（原配的扬声器已损坏）的限制，无法接上原配的负载，可以用一个阻抗与原负载相同、功率也与原负载相当的纯电阻来代替原配的负载，这种代用的纯电阻称为"假负载"。有了"假负载"，就给工作带来很大方便。

　　在使用和选择负载时，要注意直流电阻和交流阻抗的区别。

例如，一台收音机的扬声器标明2W/8Ω，说明这个扬声器额定功率是2W，阻抗是8Ω。但是，实际用万用表测量其电阻，比8Ω小许多，大约为5.7Ω。这是为什么呢？原来，扬声器上标明的是交流阻抗，用万用表测出来的是直流电阻，难怪两者不一样了。交流阻抗是在400Hz（或1 000Hz）的条件下测量出来的，比其直流电阻要大一些。一般，可以把直流电阻值乘以1.4来估算交流阻抗。

三、放大器的分类

放大器的分类方法很多，如根据对信号是进行一次放大还是进行多次放大，把放大器分为单级放大器（注意：单级放大器不一定是单管放大器）和多级放大器；根据被放大信号的频率，可分为低频放大器和高频放大器；根据放大器是否有功率输出，可把放大器分为电压放大器和功率放大器；根据耦合方式的不同，把放大器分为阻容耦合放大器、变压器耦合放大器和直接耦合放大器等。

第二节　单管放大电路的构成

一、共 E 组态放大电路

图4-1即为单管共 E 组态的基本放大电路，电路中各元件的名称、作用已经介绍过了，这里不再重述。为了对放大器进行分析和计算，还须引进放大器的直流通路和交流通路的概念。

在图4-2（b）中，考虑到 C_{b1} 和 C_{b2} 的隔直作用，即 C_{b1} 之前和 C_{b2} 之后的电路对晶体管的直流工作状态没有任何影响，于是把 C_{b1} 和 C_{b2} 及其以外的部分去掉，剩余的部分即为图4-1单管放大电路的直流通路，如图4-3（a）所示。

在图4-2（b）中，考虑到 C_{b1} 和 C_{b2} 的耦合作用，即 C_{b1} 和 C_{b2} 对交流信号而言可视为短路，再注意 V_{cc} 为理想的电压源，对交流信号而言也可视为短路。于是，把 C_{b1}、C_{b2} 和 V_{cc} 都用短路代替，再把负载电阻 R_L 接上，就得到图 4-3（b）所示的单管放大电路的交流通路。直流通路用来计算静态工作点，交流通路用来计算电压放大倍数、输入电阻等交流参数。

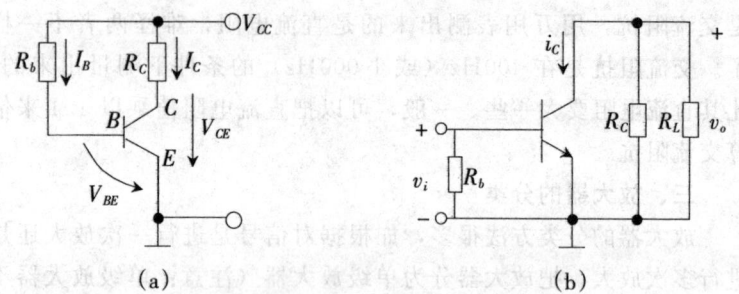

图 4-3　单管放大电路的直流通路和交流通路

（a）直流通路　　（b）交流通路

二、静态工作点的作用及设置

当放大电路没有输入信号（$v_i = 0$）时，电路中各处的电压、电流都是不变的直流，称为直流工作状态或静止状态，简称静态。静态时，晶体管各电极的直流电压和直流电流的数值（主要是 I_B、I_C、V_{CE}）将在管子的输出特性曲线上确定一点，这一点称为静态工作点，常用 Q 表示，故又简称为 Q 点。

静态工作点的选择很重要，因为在有输入信号时（$v_i \neq 0$），v_i 必然在"0"附近变化，变化过程中是一定经过零点的，即放大器在正常工作时，晶体管各极的电压、电流必须在 Q 点附近变化。如果 Q 点选择不合适，有信号输入时，晶体管各极的电压、电流就有可能进入截止区或饱和区，使放大器不能正常工作。

静态工作点的设置通常有估算法和图解法两种方法。估算法就是在放大器的直流通路上，采用近似计算的方法来确定 Q 点，即确定 I_B、I_C、V_{CE}。

在图 4-3（a）的直流通路中，则有：

$I_B = (V_{CC} - V_{BE}) / R_b \approx V_{CC} / R_b$（满足 $V_{CC} \gg V_{BE}$）

$I_C = \beta I_B$

$$V_{CE} = V_{CC} - I_C R_C$$

有了 I_B、I_C、V_{CE}，在晶体管的输出特性曲线上就可以唯一的确定一点，这就是 Q 点。

Q 点也可以用图解法来确定，具体作法如下：

由于晶体管是非线性器件，因此其输出端的电压、电流之间的关系由输出特性曲线（族）来描述；集电极负载电阻 R_C 是线性元件，其电压和电流的关系满足下面的方程：

$$v_{CE} = V_{CC} - i_C R_C$$

这是一条直线方程，在输出特性曲线上（见图 4-4）先确定两点：当 $i_C = 0$ 时，$v_{CE} = V_{CC}$，即图（b）中 M 点（$V_{CC} = 12V$）；当 $v_{CE} = 0$ 时，$i_C = V_{CC}/R_C$，即图（b）中 N 点（带入 $V_{CC} = 12V$，$R_C = 4k\Omega$，则 $i_C = 3mA$）。连接两点即得直线 MN，由于这条直线是在静态情况下，没有考虑 C_{b1}、C_{b2} 和 R_L 的影响，故称为直流负载线。为了确定 Q 点，只需求得 I_B 就可以了。求 I_B 也可以采用图解法，即在输入特性曲线上，用作图的方法来求得 I_B。但是，这样做误差较大，不宜采用。通常采用上述的估算法，即利用公式 $I_B = (V_{CC} - V_{BE})/R_b \approx V_{CC}/R_b$，带入图 4-4（a）中给定的数值：$V_{CC} = V_{BB} = 12V$，$R_b = 300k\Omega$，则 $I_B = 40\mu A$，图中直线 MN 和 $I_B = 40\mu A$ 曲线的交点即为 Q 点。由图可得 Q 点所对应的电压和电流为：

$I_B = 40\mu A$，$I_C = 1.5mA$，$V_{CE} = 6V$。

当有输入信号时，电路将处在动态工作情况，此时电路的工作情况可以用图 4-5 来说明。在图中，先根据 v_i 的变化在输入特性曲线求出 i_B 的变化，再根据 i_B 的变化，在输出特性曲线上求出 i_C 和 v_{CE} 的变化。v_{CE} 经隔直电容 C_{b2} 去掉直流成分 V_{CE} 以后，即为输出电压 v_o。在图 4-5 中，我们注意到：

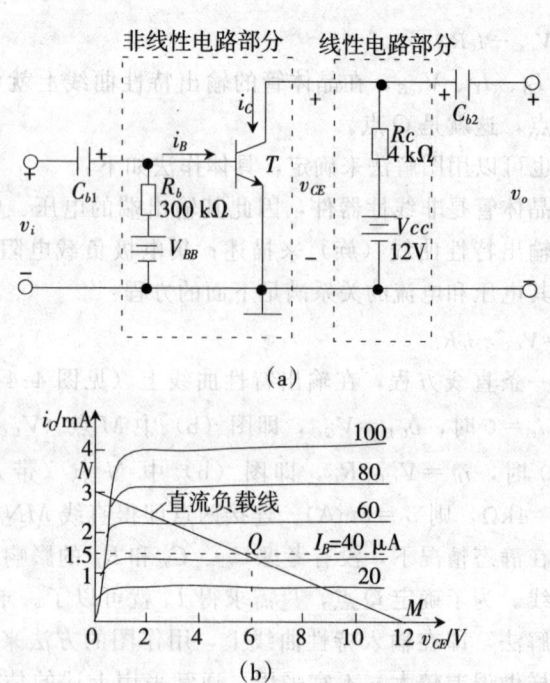

（a）电路图　（b）图解分析

图 4-4　静态工作情况的图解法

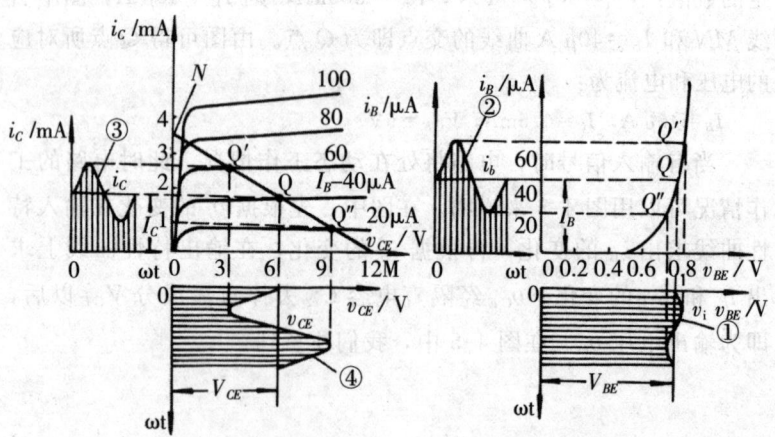

图 4-5　有输入信号时，放大电路工作情况的图解

第一，图中的电压或电流都是由直流和交流叠加而成的。以 υ_{CE} 为例，由图可见：

$$\upsilon_{CE}=V_{CE}+\upsilon_{ce}$$

其中，V_{CE} 为直流成分，υ_{ce} 为交流成分。直流电压 V_{CE} 的大小是由 Q 点决定的，交流电压 υ_{ce} 的大小则是由输入电压 υ_i 决定的。

第二，输入电压 υ_i 的正半周，对应 i_b、i_c 的正半周，而对应输出电压 υ_{ce} 的负半周，这表明输入电压与输出电压的反相关系。

第三，输入电压增大，Q 点向上移动到 Q' 点；输入电压减小，Q 点向下移动到 Q'' 点。直线段 $Q'Q''$ 是工作点移动的轨迹。保证输入正弦信号不失真最大 $Q'Q''$ 的变化范围，称为动态工作范围，简称动态范围。

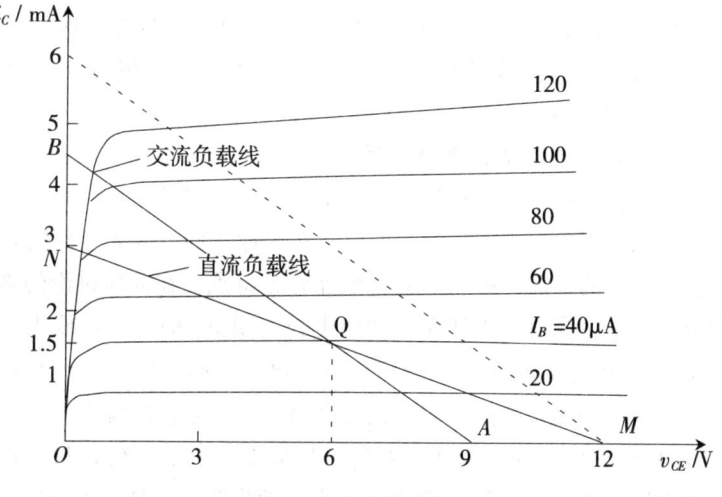

图 4-6　交流负载线

放大器工作时总是要推动负载的，有了 R_L 以后，放大器的负载就不仅是 R_C，而是 R_C 和 R_L 的并联。有载时的负载用 R_L' 表示，则 $R_L'=R_C//R_L$，见图 4-3（b）交流通路。于是，可在晶体管输出特性曲线做交流负载线。此时，其电压和电流的关系满足下面的方程：

$$v_{CE}=V_{CC}-i_C R_L'$$

具体作法如下：

当 $v_{CE}=0$ 时，$i_C=V_{CC}/R_L'$，代入 $R_L'=4\text{k}\Omega \mathbin{/\mkern-5mu/} 4\text{k}\Omega=2\text{k}\Omega$，$i_C=12V/2\text{k}\Omega=6\text{mA}$；

当 $i_C=0$ 时，$v_{CE}=V_{CC}$，即 M 点；

连接 M 和（$v_{CE}=0$，$i_C=6\text{mA}$）两点即得一条直线，此直线并不是交流负载线。因为有交流信号输入时，总会有 $v_i=0$ 的时刻，所以交流负载线一定要通过 Q 点。将上述直线平移至 Q 点便得交流负载线 AB，见图 4-6。

静态工作点的选择很重要，由图 4-6 可见，若 Q 点选择过高（I_B、I_C 过大），Q 点接近饱和区，当有信号输入时，就容易产生饱和失真；Q 点选择过低（I_B、I_C 过小），Q 点接近截止区，当有信号输入时，就容易产生截止失真。最好的办法是把 Q 点选在交流负载线的中点上。

三、偏置电路的设置及调整

静态工作点的确定很重要，它不仅关系到波形失真，而且对电压的放大作用也有很大影响。所以，在设计或调试放大电路时，为了获得较好的性能，必须设置一个合适的 Q 点。在前面讨论的固定偏流电路中，当电源电压 V_{CC} 和集电极电阻 R_C 确定后，放大电路的 Q 点就由基极电流 I_B 来决定，这个电流就叫作偏流，而获得偏流的电路叫作偏置电路。固定偏流电路实际上是由电源 V_{CC} 和一个偏置电阻 R_b 构成的，这种电路的结构简单，调试方便，只要适当选择电路参数，就可保证 Q 点处于合适的位置。但是，由于这种电路偏流是固定的（$I_B \approx V_{CC}/R_b$），当更换管子或是环境温度变化引起管子参数变化时，电路的工作点往往会移动，甚至移到不合适的位置而使放大电路无法正常工作，因此必须设计能够自动调整工作点位置的偏置电路，以使工作点能稳定在合适的位置。

工作点不稳定的原因很多，如电源电压变化、电路参数变化、管子老化等，但其中最主要的是由于管子的特性参数（I_{CBO}、V_{BE}、β 等）随温度变化造成的。

对于硅管而言，尽管上述 3 个参数均随温度而变化，但其中 I_{CBO} 的值很小，对工作点稳定性影响不大。至于锗管，它的 I_{CBO} 大，I_{CBO} 受温度的影响是主要的。硅管的 V_{BE}、β 受温度影响较大，这是它的特点。大多数管子（包括硅管和锗管）V_{BE} 的温度系数约为 $-2.2\text{mV}/\text{℃}$。V_{BE} 的变化将通过 I_B 的变化影响 Q 点。

晶体管的电流放大系数 β 会随温度的升高而增大，这是因为温度升高后，加快了基区注入载流子的扩散速度，使基区电子与空穴的复合数目减小，因而 β 增大。根据实验结果，温度每升高 1 ℃，β 要增加 $0.5\%\sim1\%$。晶体管的输出特性将因 β 的变化而变化，当 β 变大时，输出特性曲线族的间隔将变宽。所以，β 增大时，Q 点上移，I_C 增加；当 β 减小时，Q 点下移，I_C 减小，这样变化的结果都使工作状态发生变化。这种因温度变化而引起静态工作点的移动，称为静态工作点温度漂移，简称"温漂"。

由此可见，晶体管 I_{CBO}、V_{BE}、β 随温度变化对 Q 点的影响，最终都表现在使 Q 点电流 I_C 发生变化。在温度变化时，如果能设法使 I_C 近似维持恒定，问题就可以得到解决。为此可以采取以下两方面的措施：

第一，针对温度对 I_{CBO} 的影响，可设法使基极电流 I_B 随温度的升高而自动减小。

第二，针对温度对 V_{BE} 的影响，可设法使发射结的外加电压随着温度的增加而自动减小。

图 4-7 就是实现上面两点设想的电路，称为射极偏置电路，它是交流放大电路中最常用的一种基本电路。利用 R_{b1} 和 R_{b2} 组成的分压器以固定基极电位。如果 $I_1 > I_B$（i_1 是流经 R_{b1}、R_{b2} 的电流，没有输入信号时，$i_1 = I_1$），就可以近似地认为基极电位不受温度的影响，仅由 R_{b1}、R_{b2} 决定，即 $V_B \approx V_{CC} R_{b2} / (R_{b1} + R_{b2})$。此时，如果温度上升，$I_C$（$I_E$）将增加。由于 I_E 的增加 R_e 上的

电压降 $I_E R_e$ 也要增加,这就使外加于管子上的 V_{BE} 自动减小,这是因为 $V_{BE} = V_B - I_E R_e$,而 V_B 又被 R_{b1} 和 R_{b2} 所固定。V_{BE} 的减小使 I_B 自动减小,结果牵制了 I_C 的增加,从而使 I_C 基本恒定。这就是反馈控制的原理。实际情况下,要使图 4-5 的电路的 Q 点稳定,I_1 越大于 I_B、V_B 越大于 V_{BE} 越好,但为兼顾其他指标,对于硅管,一般可选取:

$$I_1 = (5 \sim 10) \ I_B$$

$$V_B = (1/3 \sim 1/2) \ V_{CC}$$

四、电压放大倍数

电压放大器的任务就是把输入的电压信号加以放大,衡量放大器性能优劣的一个重要指标就是电压放大倍数,又称为电压增益,用符号 A_V 表示,并定义:$A_V = V_o/V_i$。对于正弦信号,由于有效值、峰值和峰峰值之间有确定的关系,即 $V_{iPP} = 2V_{iP} = 2 \times 1.4 V_i$,所以电压放大倍数又可以表示为:

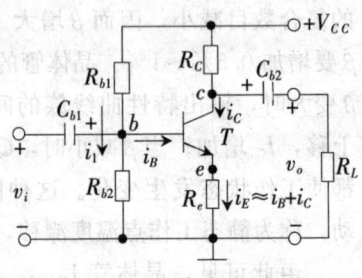

图 4-7 射极偏置电路

$$A_V = V_o/V_i = V_{oP}/V_{ip} = V_{oPP}/V_{iPP}。$$

式中,V_o、V_i、V_{oP}、V_{iP}、V_{oPP}、V_{iPP} 分别为输出电压和输入电压的有效值、峰值和峰峰值,其中峰峰值又称为双峰值。

电压放大倍数的测试与计算可根据定义,用高输入阻抗的电压表,分别测出 V_o 和 V_i,然后代入公式计算即可。在实验室中,还可以利用示波器观察输出和输入电压波形,在波形上近似的求出输出、输入电压的峰值或峰峰值,然后代入公式计算。对于给定的单管放大器,在元器件参数已知的情况下,也可以通过图解分析法或等效电路分析法来计算电压放大倍数。这不仅能对放大器进行定量的分析和计算,也为放大器的设计提供了依据。

五、失真

失真也是衡量放大器性能优劣的一个重要指标。失真是指输出信号的波形不像输入信号波形。理想的放大器，输出信号波形与输入信号波形相比，除幅度有所增大，波形的形状应该是完全一样的，否则便是产生了失真。实际的放大器总是会有一些失真的，只要把失真限制在允许的范围内就可以了。

引起失真的原因有多种，其中最基本的一个，就是由于静态工作点不合适或者信号过大，使放大器的工作范围超出了晶体管特性曲线上的线性范围。这种失真通常称为非线性失真。

另外，由电路中线性的电抗元件（电容 C 和电感 L）所引起的失真，称为线性失真，它又可分为幅度失真和相位失真两种，总称为频率失真。在设计放大器时，对电抗元件（主要是电容 C）进行适当的选择，这种失真是容易解决的。

放大器能正常放大信号的频率范围称为频带宽度，简称带宽或通频带。当输入信号的频率范围超过放大器的带宽时也会产生失真。在设计放大器时，应使放大器的带宽与信号的频率范围相匹配。对于一般的音响系统放大电路，带宽定在 $20\mathrm{Hz} \sim 20\mathrm{kHz}$，这与人类听觉的生理功能相匹配。放大器的带宽不是越宽越好，带宽过宽，不仅造成噪声电平升高，而且会使成本大幅度增加。

第三节　多级放大器

一、多级放大器的构成

要放大的信号往往是很微弱的，如由话筒得到的声音信号还不到 $1\mathrm{mV}$，一般影碟机输出的音频信号也不超过几十毫伏，这样微弱的信号虽经一级电压放大，但仍然不能推动大功率的负载。为此，对于微弱的信号必须经过多级放大器的多次放大，得到足够大的功率，才能带动大功率的负载。

多级放大器除电源供给部分，通常是由前置级、中间级、末级（功放级）3 部分组成。前置级是低噪声的电压放大器，把微弱的输入信号加以放大。为了保证放大后的信号质量，前置级必须是低噪声、高灵敏度的放大电路，一般由低噪声的场效应管或低噪声晶体管构成；在直接耦合放大器中，前置级通常由差动式放大器构成（差动式放大器的结构及工作原理将在下面介绍）。中间级一般由一两级（最多三级）电压放大器构成，由于共 E 组态电路的电压增益大，所以常被采用。末级又常分为推动级和功率放大级（简称功放级）两部分，推动级的任务是把中间级输出的电压信号再次放大，使之有一定的幅度和功率去推动功放级，功放级的任务就是使输出信号有足够的功率去推动负载。

要使信号经过多级放大，必须把信号从前一级送到下一级，这种信号的输送称为耦合。多级放大器中常用的耦合方式有阻容耦合、变压器耦合、直接耦合和光电耦合等。

阻容耦合就是通过电容和电阻把信号传送到下一级，如图 4-7 中的 C_{b1}、C_{b2}。这里，C_{b1} 和放大器的输入电阻相配合，把输入信号 v_i 传送给放大器；C_{b2} 和负载电阻 R_L 配合，把放大后的信号传送给负载。

变压器耦合是利用变压器可以传送交流信号的特性，把输入信号加到变压器的初级，通过磁场耦合把信号传送到次级，达到信号传送的目的。随着集成工艺的发展，变压器耦合已很少使用，这里就不过多介绍了。

随着集成工艺的发展，直接耦合逐渐取代了阻容耦合和变压器耦合，原因是大容量的电容和变压器在集成工艺中几乎无法制作。直接耦合就是通过一根导线（或电阻）把信号直接送到下一级。这种耦合方式电路简单、传输效率高。其缺点是由于没有电容和变压器的隔直作用，造成前后级静态工作点的相互影响，在集成工艺中经常采用电平移动电路来解决。

光电耦合是以光信号为媒介来实现电信号的耦合和传递的，因其抗干扰能力强而得到越来越广泛的应用。光电耦合器是实现光电耦合的基本器件，将发光元件（发光二极管）与光敏元件（光电三极管）相互绝缘地组合在一起。发光元件为输入回路，它将电信号转换成光信号；光敏元件为输出回路，它将光信号再转换成电信号，实现了两部分电路的电气隔离，从而可以有效地抑制电干扰。

二、电压放大器和功率放大器

在多级放大电路中，输出的信号往往都是送到负载，去驱动一定的装置。例如，这些装置可能是收音机中的扬声器、电动机控制绕组、计算机监视器或电视机的扫描偏转线圈等。多级放大电路除了应把电压放大，还要求有一定的功率输出，以便向负载提供足够的功率。

前面所讨论的放大电路，有的主要用于增强电压幅度，这种放大电路称为电压放大器；有的主要用于增强电流幅度，这种放大电路称为电流放大器。但无论哪种放大电路，在负载上都同时存在输出电压、电流和功率，我们所说的功率放大器与上述称呼上的区别只不过是强调的输出量不同而已。

（一）功率放大器的任务和特点

功率放大器的任务就是向负载提供足够大的、不失真（或失真较小）的输出功率，通常在大信号状态下工作。因此，功率放大器有如下特点：

1. 要求输出功率尽可能大　为了获得最大的功率输出，要求功放管的电压和电流都有足够大的输出幅度。因此，管子往往在接近极限运用状态下工作。

2. 效率要高　由于输出功率大，因此直流电源消耗的功率也大，这就存在一个效率问题。效率就是负载得到的有用信号功率和电源供给的直流功率之比。这个比值越大，意味着效率越高。

3. 非线性失真要小　功率放大电路是在大信号下工作，所以不可避免地会产生非线性失真。而且，同一功放管输出功率越大，非线性失真往往越严重，这就使输出功率和非线性失真成为一对主要矛盾。但是，在不同场合下，对非线性失真有不同的要求。例如，在测量系统和电声设备中，失真问题显得很重要，而在工业控制系统等场合，则以输出功率为主要目的，对非线性失真的要求就降为次要问题了。

4. 功放管的散热问题　在功率放大电路中，有相当大的功率消耗在管子的集电结上，使结温和管壳温度升高。为了充分利用允许的管耗而使管子输出足够大的功率，放大器的散热就成为一个重要问题。

此外，在功率放大电路中，为了获得较大的功率输出，管子承受的电压要高，通过的电流要大，功放管损坏的可能性也就比较大。所以，在电路设计上对功放管加以保护就显得很重要，有关功放管的自动保护电路等问题这里就不过多介绍了。

（二）功率放大器的发展过程及分类

早期的功率放大器都采用变压器耦合，主要是便于大功率传输、阻抗匹配和阻抗变换。典型的电路有变压器耦合单管甲类功率放大器和变压器耦合双管乙类功率放大器，具体电路见图4-8。

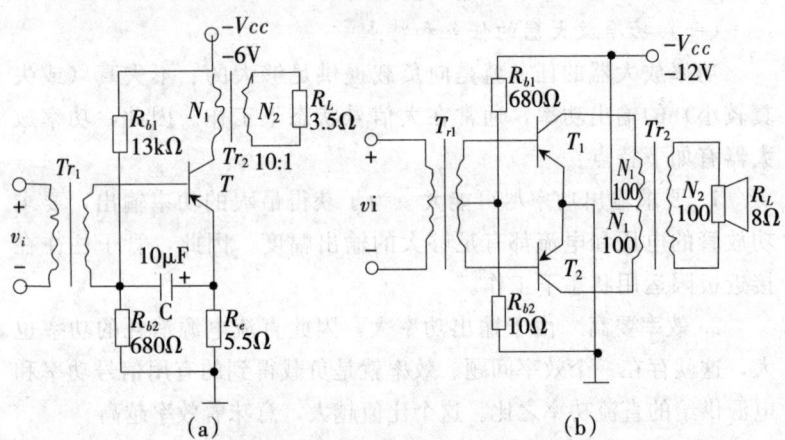

图 4-8　变压器耦合功率放大电路

(a) 单管甲类　　(b) 双管乙类

随着集成工艺的发展和应用，由于变压器在集成工艺中无法集成，所以变压器耦合的功率放大电路逐渐被直接耦合的功率放大电路所取代，典型的电路有 *OTL* 电路和 *OCL* 电路。

OTL 电路是通过电容 *C* 与负载 R_L 相耦合，不用变压器，*OTL*（*Output Transformerless*）是无输出变压器的英文缩写。简单的实用电路见图 4-9（a）。

OCL 电路是在 *OTL* 电路的基础上，去掉了电容 *C*，*OCL*（*Output Capacitorless*）是无输出电容的英文缩写。简单的实用电路见图 4-9（b）。

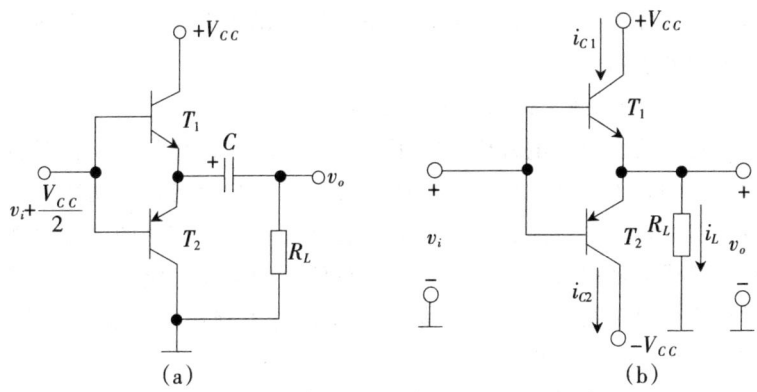

图 4-9 *OTL* 和 *OCL* 功放电路

（a）*OTL* 功放电路　　（b）*OCL* 功放电路

集成工艺的飞速发展给电子器件和电子电路带来一场变革。现代的集成工艺已经把传统放大器的输入级、中间级和功放级集成在一块硅片上，制成集成功率放大器。集成功率放大器不仅使用方便，而且性能优良，安全可靠。SHM1150Ⅱ型集成功率放大器就是常见的一种。该电路的输出级采用了 VMOS 场效应晶体管，使输出功率得到很大提高。该电路可以在 ±12V～±50V 的电压下正常工作，最大输出功率可达 150W。

集成功率放大器，又简称为功放块，目前市场上品种很多，其中有一种“傻瓜”功放块，使用十分简单，只需加上输入信号和负载，按规定接通电源即可工作。该电路的自动保护功能非常强，即使出现一些错误操作，也不至于造成器件的损坏，这为初学者带来方便。

三、多级放大器的性能指标

多级放大器是应用最广泛的放大器，我们在使用多级放大器时，必须了解其性能指标，这不仅是选择放大器的依据，也是合理和安全使用放大器的保证。

我们日常生活中所使用的多级放大器一般都是以整机形式出现的，如收音机、电视机、扩音机等，都附有详细的使用说明书，在选择和使用前，必须认真阅读使用说明书，并要特别注意以下的性能指标：

（一）输入信号范围及输出功率

对于收音机、电视机等家用电器，其输入信号是在工作时自动产生的，无需外加信号，而像扩音机等音响设备，其功能就是对给定的信号加以放大，所以必须有外加信号。信号的来源可能是话筒或影碟机等。这时就必须注意信号的大小一定和音响设备对输入信号的要求相一致，信号过小，达不到额定的输出功率；信号过大，则会产生失真。

扩音机等音响设备的输出阻抗和输出功率都是有严格规定的。外接负载的阻抗必须与设备的输出阻抗相匹配，否则，设备不仅不能正常工作，甚至会造成设备的损坏。每一台音响设备的额定输出功率都是一定的，额定功率是指在规定的负载上所能得到的最大功率。正常工作时的输出功率不要超过额定输出功率，否则不仅失真增大，甚至会造成设备的损坏。对于以整机形式出现的多级放大器，我们对其放大倍数（又称增益，包括电压增益和功率增益）并不十分关心，应重视它的额定输出功率。

（二）通频带

前已述及，放大器能正常放大信号的频率范围称为频带宽度，简称通频带或带宽。对于多级放大器，通频带也是衡量其性能优劣的重要指标。在选择放大器时，要注意放大器的通频带应和所放大信号频率范围相适应。放大器的通频带过宽，不仅增加成本，还会使噪声增大；放大器的通频带过窄，会产生频率失真。

（三）噪声和失真

当放大器没有输入信号时，其输出电压应为零，但实际放大器的输出端有一些忽大忽小的电压波动，这就是噪声。选择放大器时，这项指标很重要，噪声越小越好。噪声和失真往往是相关的，整机的说明书上通常给出噪声系数和非线性失真系数，当然应是越小越好。

第四节　差动式放大器

一、差动式放大器对零点漂移的抑制作用

差动式放大器又称为差分式放大器，简称为差动放大器。就其功能来说，是放大两个输入信号之差。由于它在性能方面有许多优点，因而成为集成运放的主要组成单元。

差动放大器有两个输入端，分别接有信号电压 υ_{i1} 和 υ_{i2}，输出端的信号电压为 υ_o。在电路完全对称的理想情况下，输出信号电压可表示为：

$$\upsilon_o = A_{VD}（\upsilon_{i1} - \upsilon_{i2}）$$

式中，A_{VD} 是差动放大电路的差模电压增益。由上式可见，放大电路两个输入端所共有的任何信号对输出电压都不会有影响。但在一般情况下，实际的输出电压不仅取决于两个输入信号的差模信号 υ_{id}，而且与两个输入信号的共模信号 υ_{ic} 有关，它们分别表示为：

$$\upsilon_{id} = \upsilon_{i1} - \upsilon_{i2}$$

$$\upsilon_{ic} =（\upsilon_{i1} - \upsilon_{i2}）/2$$

就是说，差模信号是两个输入信号之差，而共模信号则是二者的算术平均值。当用差模信号和共模信号表示两个输入电压

时，则有：

$$v_{i1} = v_{ic} + v_{id}/2$$

$$v_{i2} = v_{ic} - v_{id}/2$$

在差模信号和共模信号同时存在的情况下，差动放大器的输出电压可表示为：

$$v_o = v_{od} + v_{oc} = A_{VD}v_{id} + A_{VC}v_{iC}$$

式中，$A_{VD} = v_{od}/v_{id}$ 为差模电压增益，$A_{VC} = v_{oc}/v_{ic}$ 为共模电压增益。

基本差动放大电路如图 4-10 所示，是由两个晶体管和一个恒流源组成的对称式电路，输入信号加在两个晶体管的基极上，输出电压取自两个晶体管的集电极。下面，我们来讨论这种电路抑制零点漂移的原理。

先介绍零点漂移的概念：当放大电路的输入端短路时（$v_i = 0$），输出端还有缓慢变化的电压产生，即输出电压偏离原来的零点而上下漂动，这种现象称为零

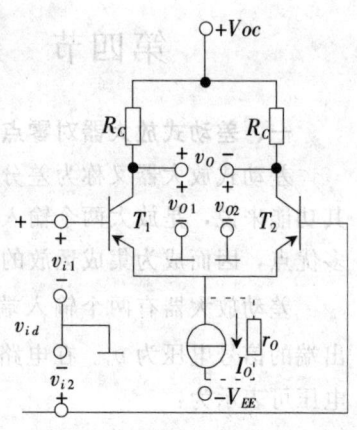

图 4-10　基本差动放大电路

点漂移，简称零漂。在直接耦合的多级放大电路中，第一级放大电路的 Q 点由于某种原因而稍有偏移时，第一级输出电压将发生微小的变化，这种缓慢的微小变化就会被逐级放大，致使放大电路的输出端产生较大的漂移电压。当漂移电压的大小可以和信号电压相比较时，放大器就失去了放大功能。这种使 Q 点产生偏移的原因主要受温度的影响，所以零点漂移又称为温度漂移，简称为温漂。由于第一级 Q 点的漂移对整个放大器的影响最大，所以对第一级的温漂必须加以抑制。

在差动放大电路中，无论是温度变化，还是电源电压的波

动，都会引起两管集电极电流和相应的集电极电压的变化，其效果相当于在两个输入端加入了共模信号。在理想情况下，由于电路的对称性，使共模信号的影响相互抵消，使输出电压保持不变，从而抑制了零点漂移。当然，在实际情况下，要做到两管电路完全对称和理想恒流源是比较困难的，但是输出漂移电压将大为减小。由于这个缘故，所以差动放大电路特别适用于作多级直接耦合放大电路的输入级。

二、差动放大器的放大作用

由图 4-10 可见，$v_{i1} = -v_{i2} = v_{id}/2$。于是，若一个管的电流增加，另一个管的电流减小，在电路完全对称的条件下，i_{C1} 的增加量就等于 i_{C2} 的减小量，所以流过恒流源的电流不变。设单管共射电路的电压放大倍数为 A_V，则有：

$$v_{o1} = A_V v_{i1} = A_V v_{id}/2$$

$$v_{o2} = A_V (-v_{i2}) = -A_V v_{id}/2$$

当从两管集电极作双端输出时，其差模电压放大倍数为：

$$A_{VD} = v_o/v_{id} = (v_{o1} - v_{o2})/v_{id} = A_V$$

可见，两个管的差模电压放大倍数与单管放大电路的电压放大倍数相同。

当差动放大电路接入共模输入电压时，在电路完全对称的理想情况下，其双端输出的共模电压放大倍数为：

$$A_{VC} = (v_{oc1} - v_{oc2})/v_{ic} \approx 0$$

为了说明差动放大电路对共模信号抑制的能力，常用共模抑制比作为一项技术指标来衡量，其定义为放大电路对差模信号的电压放大倍数 A_{VD} 与对共模信号的电压放大倍数 A_{VC} 之比的绝对值：

$$K_{CMR} = |A_{VD}/A_{VC}|$$

差模电压放大倍数越大，共模电压放大倍数越小，则共模抑制能力越强，放大电路的性能越优良。因此，K_{CMR} 值越大越好。

必须指出，差动放大器按其输入方式可分为双端输入和单端输入，按其输出方式也可分为双端输出和单端输出。于是，差动放大器就有 4 种基本结构，即双端输入双端输出、双端输入单端输出、单端输入双端输出、单端输入单端输出。本节只是以双端输入双端输出的基本差动放大器为例，对差动放大器的特性及放大原理做以简单介绍。

第五节　反馈放大器

一、反馈的基本概念

反馈就是在电子系统中把输出回路的电量（电压或电流）馈送到输入回路的过程。在电子技术领域里，反馈的应用是十分普遍的。为了改善放大器的性能，几乎所有的放大器中都在应用反馈。把输出回路的电量送回到输入端与输入信号相互作用，如果增强了原来的输入信号，那么，这种反馈就称为正反馈；如果削弱了原来的输入信号，那么，这种反馈就称为负反馈。正反馈多用在振荡电路中，放大器电路中很少采用；放大电路中主要应用各种负反馈。

反馈信号可以取自输出电压，也可以取自输出电流。前者称为电压反馈，后者称为电流反馈。反馈信号送回到输入端与输入信号相互作用，可以以串联的形式，也可以以并联的形式相互作用。前者称为串联反馈，后者称为并联反馈。此外，还有直流反馈、交流反馈、内部反馈、外部反馈等许多概念，这里就不过多介绍了。

放大器中主要使用负反馈，我们仅就放大器中经常使用的负反馈进行讨论。

二、反馈的分类

根据反馈信号是取自输出电压还是取自输出电流，反馈信号送回输入端与输入信号是以串联形式还是以并联形式相互作用，放大器中常用的负反馈可分为 4 种，即

电压串联负反馈　　　　　　　电压并联负反馈

电流串联负反馈 电流并联负反馈

4 种类型反馈的方框图见图 4-11，图中 A 代表基本放大器，F 代表反馈网络。

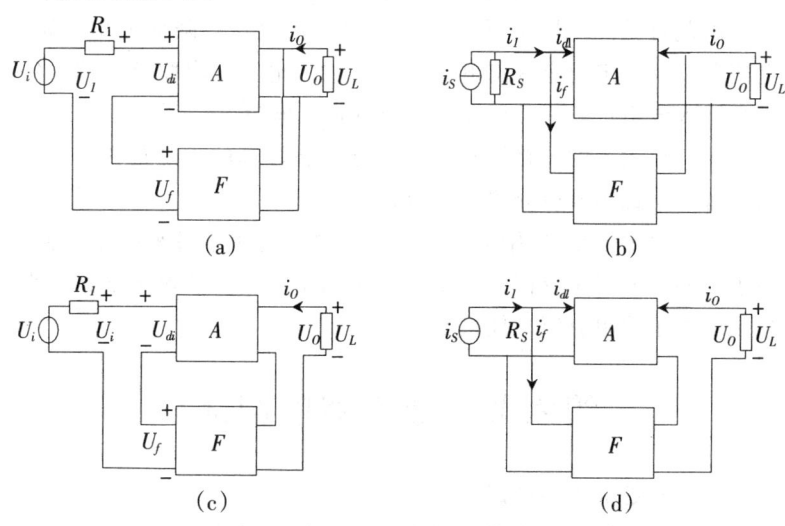

图 4-11 4 种类型反馈的方框图

（a）电压串联负反馈 （b）电压并联负反馈

（c）电流串联负反馈 （d）电流并联负反馈

三、负反馈对放大器性能的影响

引入负反馈以后，由于反馈信号削弱了输入信号，所以放大器的输出信号也必然减小，放大器的电压放大倍数降低了。牺牲了放大倍数，得到的是提高了放大倍数的稳定性，减小了非线性失真，降低了放大器的噪声并扩展了放大器的通频带，这是 4 种类型负反馈的共同特点。4 种类型的负反馈对放大器性能的不同影响分别总结如下：

电压串联负反馈：稳定输出电压，降低输出电阻，提高输入电阻。

电压并联负反馈：稳定输出电压，降低输出电阻，降低输入电阻。

电流串联负反馈：稳定输出电流，提高输出电阻，提高输入电阻。

电流并联负反馈：稳定输出电流，提高输出电阻，降低输入电阻。

由此可见，电压负反馈一定稳定输出电压，降低输出电阻；电流负反馈一定稳定输出电流，提高输出电阻；串联负反馈一定提高输入电阻；并联负反馈一定降低输入电阻。

反馈放大器的电路结构复杂，分析和计算的难度很大。作为初学者，掌握本节所介绍的内容就可以了。

放大器中主要使用负反馈，正反馈主要用于各种振荡电路。为了使同学们对正反馈的应用有一定的了解，对"振荡电路"在附录中做了简单介绍，仅供参考。

第六节　放大器的调试

一、单级放大器的调试

在生产和使用放大器的过程中，总是要对放大器进行测量和调整。一般情况下，放大器的测量与调整包括以下几个步骤：

（一）通电前的安全检查

放大器安装好之后，在通电前应对放大器进行安全检查，这是防止通电后烧毁元器件的一种措施。安全检查包括以下两方面：

第一，检查放大器是否有松动、漏装、错装，以及虚焊、漏焊、错焊等现象，检查二极管、三极管的电极及电解电容的极性连接是否正确，元器件之间有无相碰、短路现象等。

第二，检查电源的正负极性是否接对，电源电压是否符合要求。

（二）静态工作点的测量和调整

1. 静态工作点的测量　以图 4-7 的射极偏置电路为例，在不加输入信号的情况下，用万用表测量，具体测量方法又可分为电压法和电流法两种。

（1）电压法　用高输入阻抗的万用表测出发射极对地的电压 V_e，便可算出集电极电流 I_{CQ}，即

$$I_{CQ} \approx I_{EQ} = V_e/R_e$$

其中，R_e 为已知电阻。将 I_{CQ} 除以 β 便是 I_{BQ}。为了确定 V_{CEQ}，可以先测得 V_C 和 V_E，然后根据公式 $V_{CEQ} = V_C - V_E$ 便可求出。当然，也可以用高输入阻抗的万用表直接测量晶体管 c、e 极之间的电压 V_{CEQ}。由 I_{BQ}、I_{CQ} 和 V_{CEQ} 便确定了 Q 点。如果 $V_{CEQ} < 0.5V$，说明管子已经饱和；如果 $V_{CEQ} \approx V_{CC}$，说明管子已经截止。只有 V_{CEQ} 在交流负载线的中点附近，静态工作点才是合适的。

（2）电流法　将电流表（或万用表的毫安档）串接在集电极电阻 R_c 和集电极之间，便可直接测得 I_{CQ}，再用高输入阻抗的万用表直接测量晶体管 c、e 极之间的电压，测得 V_{CEQ}。将 I_{CQ} 除以 β 便是 I_{BQ}，由 I_{BQ}、I_{CQ} 和 V_{CEQ} 便确定了 Q 点。应当注意，在实际测量中，不能把电流表串接到晶体管的发射极回路中去测 I_{EQ}，因为电流表的内阻将导致测量误差增大。在测量中，如果测得 $I_{BQ} \approx 0$，说明管子已经截止；如果 $I_{BQ} \approx V_{CC}/(R_c + R_e)$，说明管子已经饱和。

2. 静态工作点的调整　在放大电路中，由于晶体管是电流控制器件，改变 I_{BQ}，便可以引起 I_{CQ} 和 V_{CEQ} 的变化，所以调整静态工作点一般都是通过改变基极偏流来实现的。调整时可将图 4-7 中的偏流电阻 R_{b1} 用一个电阻 R 串联一个电位器 R_p 来代替。调节 R_p，改变了 I_B，即可调整 Q 点。当静态工作点调整合适后，测出 $(R + R_p)$ 的值，便可换上固定电阻。用一个电阻 R 串联一个电位器 R_p 来代替 R_{b1} 时，电阻 R 不可省略，否则当 R_p 调节为零时，因基极偏流过大可能损坏晶体管。

（三）输入交流信号后的测量与调整

在静态工作点初步调整后，就可以在放大器的输入端加入一个信号电压，然后用示波器逐点观察输出波形，观察到的波形应与图 4-1 相符。如果出现失真，就需重新调整静态工作点。测量

和调整所用仪器及连接情况如图 4-12 所示。

1. 对失真的测量与调整

第一，信号电压波形的下半周出现平顶，说明静态工作点偏高，动态时过早进入饱和区，出现了饱和失真。此时，可以增大 R_{b1}，使 Q 点下移。

第二，信号电压波形的上半周出现平顶，说明静态工作点偏低，动态时过早进入截止区，出现了截止失真。解决办法是减小 R_{b1}，使 Q 点上移。应该指出，调节 R_{b1} 和 R_{b2} 都可以改变静态工作点，但习惯上是固定 R_{b2} 而调节 R_{b1}。

第三，上下半周都出现平顶是既有饱和失真又有截止失真的现象。产生这种失真的原因，不是输入电压幅度太大就是放大器的动态范围太小。解决的办法是减小输入电压幅度或增大电源电压。

2. 测量电压放大倍数 在调整好放大器的静态工作点且输出波形不失真的情况下，用毫伏表分别测出放大器的输出电压 V_o 和输入电压 V_i，放大器的电压放大倍数 $A_v = V_o/V_i$。也可以利用示波器观察并测量出输入和输出电压的峰值或双峰值，根据 $A_V = V_{oP}/V_{iP} = V_{oPP}/V_{iPP}$ 进行计算。式中，V_{oP}、V_{iP}、V_{oPP}、V_{iPP} 分别为输出电压和输入电压峰值及双峰值。如果经过调整，放大器的放大倍数仍较低，则需对电路进行重新设计。

3. 输入电阻和输出电阻 输入电阻和输出电阻也是衡量放大器性能的重要指标。对于初学者，其测量方法就不介绍了。

二、多级放大器的调试

多级放大器的测量电路及所用仪器的连接与图 4-12 相同。静态工作点的测量和调整也与单级放大器的方法一样，只是需要一级一级地进行。

多级放大器放大倍数的测量，也和单级放大器一样，用毫伏表分别测出放大器末级的输出电压 V_o 和第一级的输入电压 V_i，多级放大器的电压放大倍数 $A_v = V_o/V_i$。另外，多级放大器是由若干个单级放大器级连而成的，也可以仿照单级放大器增益的测量方法，逐级测量电压放大倍数，对于有 N 级的多级放大器，各级的放大倍数分别为 A_{V1}，A_{V2}，……，A_{VN}，则多级放大器的电压放大倍数为 $A_v = A_{V1} \cdot A_{V2} \cdots\cdots A_{VN}$。对多级放大器各级的放大倍数进行测量，还能发现哪一级的放大倍数不符合设计要求，便于对电路进行调整或重新设计。

多级放大器的频率特性也可以利用图 4-12 进行测量。保持输入信号电压的幅度不变而改变其频率，用毫伏表和示波器测量并观察输出电压。在输出信号不失真的情况下，测量电压放大倍数的变化情况。对于一般阻容耦合的音频放大器，可选 1kHz 作为中频，测得电压放大倍数为 A_{vo}。在保持输入信号幅度不变的情况下把频率降低，电压放大倍数将随之减小，当电压放大倍数降到 $0.707A_{vo}$ 时，对应的频率记作 f_L，称为下限频率，然后，同样在保持输入信号幅度不变的情况下把频率升高，电压放大倍数也将随之减小，当电压放大倍数降到 $0.707A_{vo}$ 时，对应的频率记作 f_H，称为上限频率。定义 $BW = f_H - f_L$，称为放大器的频带宽度，简称带宽。$f_L \sim f_H$ 称为通频带，对于一般的音频放大器，通频带为 $20\text{Hz} \sim 20\text{kHz}$。

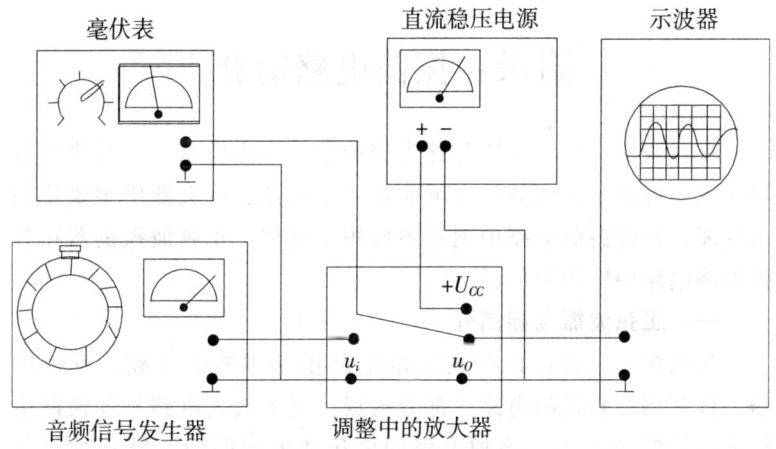

图 4-12　调整所用仪器的连接

使输入信号等于零，即将放大器的输入端短路，这时在输出端观察到和测得的电压就是噪声，噪声电压记作 Vn。把放大器在规定的负载上达到额定输出功率时的电压记作 Vs，定义：$S/N=|Vs/Vn|$，称为信噪比。显然，放大器的噪声电压越低、信噪比越高越好。

三、测试过程和数据的记录方法

对放大器的测试过程和测量数据要做详细的记录，以供他人查阅和以后测试时参考。记录内容主要包括以下几点：

测试电路及所用仪器：详细记录测试时各种仪器的连接电路图，所用仪器的名称、型号、精度等级及生产厂家等。

测试环境及测试条件的记录：详细记录测试地点，注意是否存在强电、磁场的干扰；记录测试时环境的温度、湿度、气压等；如果是在室外进行的现场测试，对当时的气象条件也要详细记录，包括天气的阴、晴，风力的大、小，大气的湿度等。因为这些测试条件及环境对测量结果会有一定的影响。

记录测试时间，记录年、月、日、时、分。测试人要有亲笔签名。

附录：振荡电路简介

在实践中，广泛应用各种类型的信号产生电路，就其输出波形来说，可能是正弦波，也可能是非正弦波。放大器中主要使用负反馈，各种振荡电路中则必须使用正反馈。正弦波振荡器在各种振荡电路中应用最广泛。

一、正弦波振荡器简介

从结构上来看，正弦波振荡电路由基本放大电路、反馈网络、选频网络和稳幅电路 4 部分组成。基本放大电路和反馈网络构成正反馈放大器，把加电瞬间电压或电流的微小骚动加以放大，并在输出端得到输出，把这个输出经反馈网络送回到输入端再次放大，在输出端得到更大输出，如此反复，最后，在没有输入信号的情况下也可以得到稳定输出，这个过程称为自激。所以，振荡器又称为自激振荡器。

正弦波振荡器要产生单一频率的输出波形，这就需要选频网络了。选频网络只把符合特定频率的反馈信号送回到输入端构成正反馈，于是在输出端就得到单一频率的正弦波了。既然是正反馈，输出信号就会逐渐增大。为了不使输出信号无限制增大而产生失真，稳幅电路就不可缺少了。稳幅电路就是利用某些特殊的元件（如二极管、热敏电阻等），或是利用某种特殊方法（如有意识地让 Q 点趋近截至区或饱和区），自动地控制放大器的增益，从而使输出电压的幅度稳定。

根据选频网络所用元件的不同，正弦波振荡器又可分为 RC 振荡器、LC 振荡器和石英晶体振荡器等多种。

在 RC 正弦波振荡电路中，利用电阻（R）和电容（C）构成选频网络，又可分为 RC 移相式、RC 文氏电桥式和 RC 双 T 网络式等多种。RC 正弦波振荡器适用于低频。

LC 正弦波振荡器是利用电感（L）和电容（C）构成选频网络。根据结构的不同又可分为电感三点式（又称哈特莱式 *Hartley*）、电容三点式（又称考皮兹式 *Colpitts*）和变压器反馈式等多种。LC 振荡器容易起振，输出波形好，LC 正弦波振荡器适用于高频。

正弦信号源在线性系统测试中应用十分广泛，如放大器增益的测量、相位差的测量、非线性失真的测量、系统通频带的测量等，无不需要正弦波信号源。

在通信、广播、电视系统中，都需要射频（高频）发射，这里的射频又称为载波。借助载波，把音频（低频）、视频信号或脉冲信号运载出去，这就需要能产生载波的高频正弦波振荡器。

在工业、农业、生物医学等领域内，如高频感应加热、熔炼、淬火，超声波焊接，超声诊断，核磁共振成像等，都需要功率或大或小、频率或高或低的正弦波振荡器。可见，正弦波信号源在各个领域的应用是十分广泛的。

随着石英晶体生产、加工技术的发展和计算机应用的迅速普及，石英晶体（简称晶振）和石英晶体振荡器的应用日益广泛。由于石英晶体振荡器的频率非常稳定，因此常用在石英钟、数字钟和计算机的计时系统中。

二、非正弦波振荡器简介

可以产生正弦波或非正弦波的设备称为信号源，又称为信号发生器，是电子仪器仪表调试和维修过程中必不可少的设备。在电子电路测量中，需要各种信号源，大致可分为三大类：正弦信号发生器、函数（波形）信号发生器和脉冲信号发生器。后两者又可统称为非正弦信号发生器。

同样，非正弦信号（方波、锯齿波、尖脉冲等）信号源在测量设备、数字系统以及自动控制领域中的应用也日益广泛。可以产生非正弦信号的电路也很多，如方波发生器、矩形波发生器等，将方波、矩形波经积分、微分处理后可产生锯齿波和尖脉冲等。由于这些电路比较复杂，因此我们就不介绍了。

既然正弦波信号和非正弦波信号都有着广泛地应用，正弦波信号源和非正弦波信号源在电子技术实验室、电子仪器仪表生产厂家的产品调试车间和质量检测科室就成为必备的仪器设备。那么，能否将这两种信号源合在一起，使一种设备既能产生正弦信号，又能产生非正弦信号呢？随着电子技术和集成工艺的发展，这个愿望已经变成了现实。下面介绍由美国哈里斯（*Harris*）公司生产的 ICL8038 型单片精密函数波形发生器，国产型号为 5G8038。它具有频率范围宽、稳定度高、外围电路简单、易于制作等优点，可以产生中、低频高质量的正弦波、方波（或矩形波、窄脉冲）、三角波（或锯齿波）等函数波形，其应用领域比单一波形的信号发生器更为广阔。此外，ICL8038 还能实现 FM 调制、扫描输出。ICL8038 的管脚排列和典型应用电路见图

4-13。

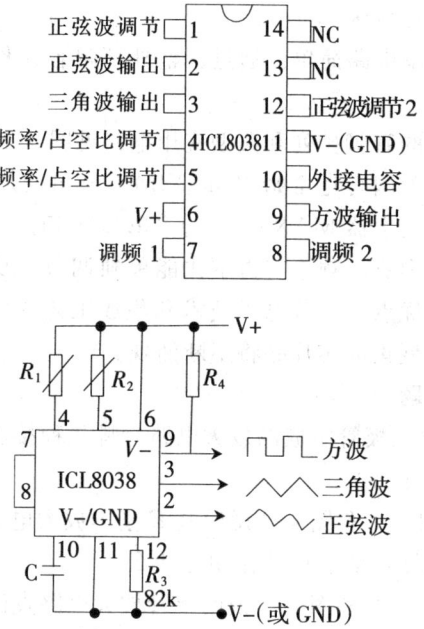

正弦波调节	1		14	NC
正弦波输出	2		13	NC
三角波输出	3		12	正弦波调节2
频率/占空比调节	4	ICL8038	11	V-（GND）
频率/占空比调节	5		10	外接电容
$V+$	6		9	方波输出
调频1	7		8	调频2

图 4-13　ICL8038 的管脚排列和典型应用电路

ICL8038 在性能上有如下特点：

第一，电源电压范围宽。采用单电源供电时，$V_+ \sim GND$ 的电压范围是 +（10~30）V；采用双电源时，$V_+ \sim V_-$ 的电压可在 ±（5~15）V 范围内选取。电源电流约为 15mA。

第二，振荡频率范围宽，频率稳定性好。频率范围是 0.001Hz~300kHz，频率温漂仅为 $50 \times 10^{-6}/℃$。

第三，输出波形的失真小。正弦波失真度<5%，经仔细调整后还可降至 0.5%以下。三角波的失真度为 0.1%。

第四，矩形波占空比调节范围很宽，为 1%~99%，可获得窄脉冲、方波、宽脉冲输出。

第五，输出特性。正弦波：幅度约为 $V_+/5$，输出阻抗 1kΩ。矩形波（含方波）：集电极开路输出，幅度接近于 V_+。三角波

（含锯齿波）：幅度为 $V_+/3$，输出阻抗为 200Ω。调频输入：范围是 10kHz，线性度为 0.5%。

第六，外围电路简单。通过调整外部阻容元件值，很容易改变振荡频率。

ICL8038 的管脚排列和典型应用电路见图 4-13。

近年来，美国马克希姆（MAXIM）公司又新研制一种单片高频精密函数发生器 MAX038。与 ICL8038 相比，它具有高频特性好、频率范围宽、频率与占空比能单独调节、功能全、调节方式更加灵活等优点。随着电子技术和集成工艺的发展，为信号源提供的各种新型集成芯片必将不断涌现。

复习思考题

1. 由晶体三极管组成的放大电路有哪几种接法？每种接法的特点和用途是什么？

2. 结合图 4-1 和图 4-2 说明共 E 基本放大电路构成的必要条件、图中各元器件的名称及作用是什么。

3. 结合图 4-2 和图 4-3 说明单管放大电路直流通路和交流通路的画法。

4. 什么是静态工作点？怎样计算图 4-3 电路的静态工作点？

5. 结合图 4-5 说明单管放大电路是怎样放大输入交流信号的。

6. 什么是电压放大倍数？怎样测量和计算电压放大倍数？

7. 什么是失真？产生失真的主要原因是什么？

8. 什么是反馈？放大器中常用的反馈有哪几种？它们对放大器的性能各有什么影响？

9. 按图 4-12 连接好实验电路，观察输入、输出波形，估算电压放大倍数。在输出波形不失真的情况下，逐渐增强输入信号，观察输出波形的失真情况，指出什么是饱和失真，什么是截止失真，并通过调整静态工作点消除失真。

第五章　示波器的原理及应用

第一节　示波器的用途及组成

一、示波器的用途

示波器是一种电子图示测量仪器，可以把电压或电流的变化作为一个时间函数描绘出来。可以说，示波器是一种特殊形式的电压表，而且可以比一般电压表提供更多的信息。所以，示波器作为一种用来分析电信号的时域测量和显示仪器，可以对一个电压信号的上升时间、脉冲宽度、重复周期、峰值电压等参数进行测量。

在调试放大器时，已经使用过示波器，我们用示波器观察输入电压和输出电压的波形。在波形上可以测出电压的峰值 V_p 和峰峰值 V_{pp}，从而计算出电压放大倍数，也可以通过观察电压波形，确定产生失真的原因，从而确定静态工作点是接近截止区还是靠近饱和区。通过对输入、输出电压波形的观察，可以很直观地看出输入电压和输出电压之间的反相关系。有人形象地比喻说示波器就是电气工作者的眼睛。

从更普遍的角度来看，示波器也是一种能够表现任何两个互相关联的电参数的 $X-Y$ 坐标图形的图示仪器。这样，示波器测量的范围就可以显著地扩大。比如，把两个正弦电压分别加到示波器的水平偏转（X 轴）和垂直偏转（Y 轴）系统，就可以进行相位差测量。若其中一个信号频率为标准频率，那么就可以进行频率测量。如果采用扫频技术，就可以借助示波器来观测线性系统的频率响应。

二、示波器的基本组成

现代示波器虽然种类很多，但都应包括图 5-1 所示的几个基本部分。

（一）示波管

示波管是示波器的显示器件，目前多半采用阴极射线示波管。

（二）垂直通道（Y 通道）

用来放大和处理被观测信号，以驱动示波管的电子束做垂直偏移。

（三）水平通道（X 通道）

用来产生并放大触发、扫描信号，或放大 X 通道信号，使示波管的电子束产生水平偏转。

（四）辅助电路

包括衰减器及各种转换开关等。

（五）电源（图中未画出）

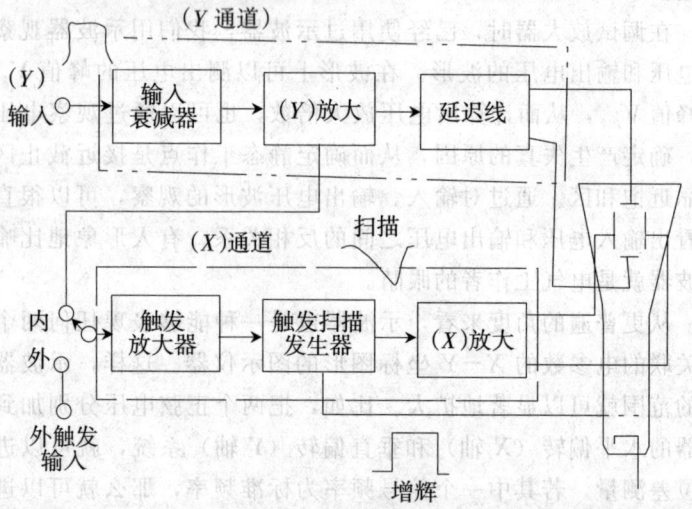

图 5-1　通用示波器的基本组成

三、示波器的分类

示波器按其用途及特点可分为通用示波器、多线示波器、取样示波器、记忆及存储示波器、智能示波器等。我们日常使用的主要是通用示波器和多线示波器。

第二节 示波器各部分简介及显示原理

一、示波管

示波管是一种玻璃外壳的电真空器件，由四个基本部分组成：抽成接近真空的玻璃管壳、产生电子束的电子枪、用来偏转电子束的静电偏转系统、能将电子束的动能转变成光的荧光屏。示波管的结构示意图如图 5-2 所示。

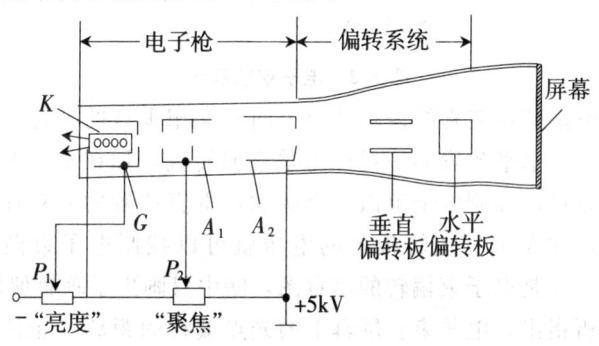

图 5-2 示波管结构示意图

（一）电子枪

电子枪由阴极（K）、控制栅极（G）及第一阳极（A_1）和第二阳极（A_2）组成。阴极受热发射电子，控制栅极则用来控制电子束的密度。两个阳极 A_1 和 A_2，其电位相对于阴极分别为数百伏和数千伏的正电位，用来加速和聚焦电子束，使它们穿过阳极小孔形成高速电子束，打到荧光屏上形成光点。

电子束的聚焦作用是借助于控制栅极、阳极 A_1 和 A_2 之间的不均匀电场来实现的。这种聚焦的原理与光学系统的聚焦原理很相似。图中的电位器 P_2 用来调节 A_1 和 A_2 之间的电位差，起到调节聚焦的作用，这就是示波器面板上的"聚焦"旋钮。电位器 P_1 用来改变控制栅极的负电位，调节穿过控制栅极而到达荧光屏的电子束密度，实现亮度控制，在示波器面板上称为"亮度"旋钮。

（二）偏转系统

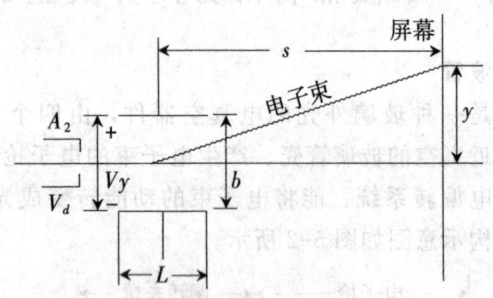

图 5-3　电子束的偏转

静电偏转示波管的偏转系统由两对互相垂直的平行金属板组成。其中，水平放置的一对称为垂直偏转板，加在垂直偏转板上的电压就可以控制电子束做垂直运动；垂直放置的一对称为水平偏转板，加在水平偏转板上的电压就可以控制电子束做水平运动。图 5-3 是电子束偏转的示意图，图中只画出了垂直偏转板。

分析指出，电子束在屏幕上的光点偏移的距离 y 正比于加在偏转板两端的电压 V_y，可以表示为：$y = h_y V_y$，式中 h_y 称为偏转因数。偏转因数的倒数 $1/h_y$ 称为"偏转灵敏度"，它是示波管的重要参数。电子束在屏幕上的光点偏移的距离 y 正比于加在偏转板两端的电压这一事实，是示波管工作的理论基础。

（三）屏幕的特性

示波器的屏幕是在示波管的管面内壁涂上一层磷光物质制成的。这种磷光物质能接受高能电子束轰击而产生的辉光，而且还将出现余辉现象，即当电子束消失后，在原来被轰击的地方，辉光仍能保持一段时间。我们所以能在屏幕上观察到一个连续的波形，除了人眼的残留特性，还利用了屏幕的余辉效应。

当高速电子束轰击屏幕时，其动能除转变成光，还将产生热。所以，高能的电子束长时间轰击屏幕一点时，由于过热会减弱磷光物质的发光效率，严重时可能把屏幕的一点烧成黑斑，因此在使用示波器时不应使光点长时间集中于一点。

近几年来，为了寻求比阴极射线示波管更好的显示器件，科学家曾进行了大量的研究，提出了包括场致发光荧光板、砷化镓发光二极管阵列等多种方案，但现代改进型的阴极射线示波管将继续在示波器的显示器中居统治地位。因为这种示波管在成本、亮度和响应速度等方面仍居优越地位。值得注意的是，随着液晶显示器（LCD），特别是彩色液晶显示器（彩晶）的发展，必将对阴极射线示波管显示器件的地位提出挑战，因为各种彩晶显示器在笔记本电脑和计算机领域已经得到了广泛的应用。

二、扫描

（一）什么是扫描

如何在示波器的屏幕上显示出被观测的信号波形呢？示波器之所以能用来观察信号波形，是因为基于示波管的线性偏转特性，即电子束（屏幕上的光点）的偏转距离正比于加到偏转板上的电压大小。我们通过图 5-4 来说明扫描过程。为此，将被观察信号加到垂直（Y）偏转板。但是，如果只在垂直偏转板上加信号，那么在屏幕上就只能看到一条垂直的直线，如图 5-4（a），因为此时光点只随信号（设为正弦波）瞬时值的变化而在垂直方向上下往返移动。

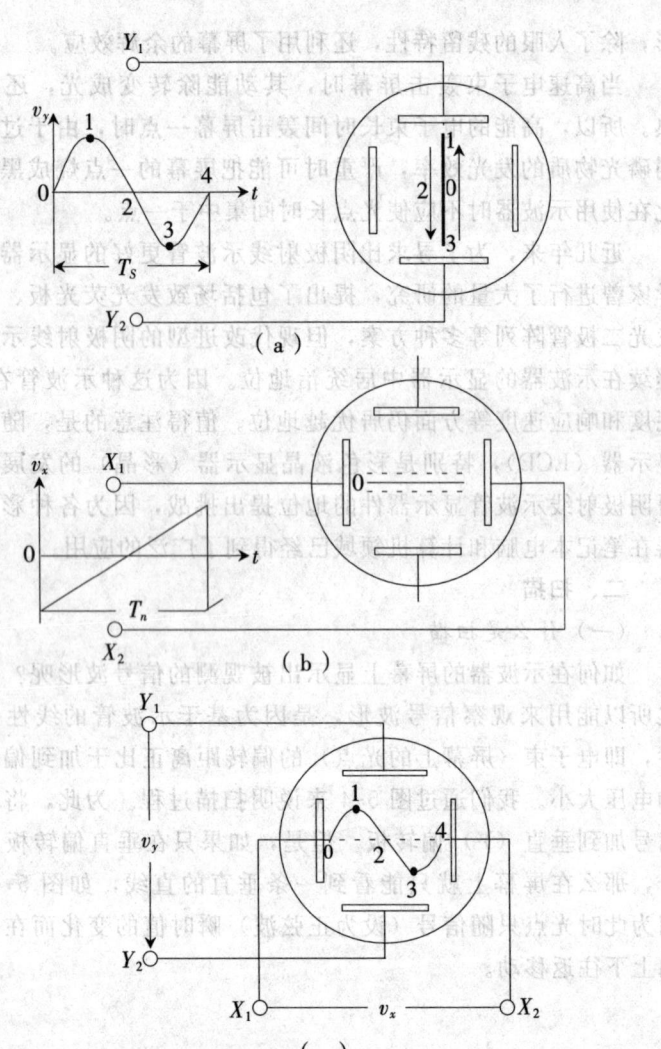

图 5-4 扫描过程图

（a）只加信号电压　　（b）时间基线的获得　　（c）信号波形在时间轴上展开

为了在屏幕上把这个正弦信号波形描绘出来，必须通过扫描，即同时在水平（X）偏转板上加一个扫描电压，一般是一个随时间做线性变化的锯齿波电压。一个理想的锯齿波扫描电压 v_x 如图 5-4（b）所示。先看看垂直偏转板上不加信号电压的情况，在扫描电压 v_x 单独作用下，屏幕上的光点将随着 v_x 线性增加而从最左端开始向右做等速直线移动。当一个扫描周期 Tn 结束，光点从最右端迅速回到原点 O，即在屏幕上显示一条水平直线。由于扫描电压 v_x 随时间做线性变化，所以屏幕上的 X 轴就变成了时间轴，我们把这条水平直线叫作"时间基线"。

现在，把信号电压 v_y 加到垂直偏转板上，并设扫描电压周期 Tn 等于正弦信号周期 Ts。这时，屏幕上光点瞬时位置由两个电压在该时刻的瞬时值来决定。从图 5-4（c）可见，在信号电压和扫描电压共同作用下，光点在屏幕上的移动轨迹是一个正弦波形（称扫描正程）；当一个扫描周期结束时，光点从"4"迅速返回原点（称扫描回程）。由于扫描电压周期等于信号的周期，故第二个扫描周期光点的移动轨迹与前一个扫描周期重合。这样，在屏幕上就可以显示出一个稳定的信号波形。

从以上讨论可知，示波器中扫描是为了获得线性的时间基线，以便把被观察的信号波形在时间轴上展开，从而把信号电压的变化作为时间函数描绘出来。可见，示波器在做时域测量时是通过扫描来实现的。

（二）主要扫描方式

扫描方式很多，除上述线性时基扫描，还有圆扫描、对数扫描等。但是，目前在时域测量中绝大多数都采用线性时基扫描。就线性时基扫描而言，可分为连续扫描和触发扫描两类。

1. 连续扫描　连续扫描就是扫描电压是周期性的锯齿波电压，其重复周期为 Tn。连续扫描的特点是产生锯齿波电压的扫描发生器是连续工作的。在这个扫描电压作用下，光点在屏幕上做连续扫描。也就是说，即使没有外加信号，在屏幕上也能显示一条时间基线。

在时域测量中，连续扫描主要用来观测连续信号波形。如前所述，为了能够显示出稳定的信号波形，必须使扫描电压周期 Tn 等于信号电压周期 Ts，因为在这个条件下，每个扫描周期光点在屏幕上的移动轨迹都是重合的。当然，上述条件也可推广到 $Tn=nTs$（其中 $n=1$，2，3，……），即扫描周期为信号周期的整数倍。在这种情况下，一个扫描周期可显示出 n 个信号波形，而且每个扫描周期的移动轨迹是重合的。可以证明，若 $Tn\neq nTs$，不可能得到显示稳定的波形。

由此可得出结论，在连续扫描方式下，为了在屏幕上得到稳定的波形，必须保证扫描电压周期 Tn（对一个实际的锯齿波来说，$Tn=$正程时间＋回程时间）与信号电压周期 Ts 保持整数倍关系，但实际上，扫描电压是由示波器本身的时基电路产生的，与被测信号电压是不相关的。在示波器中，可以利用被测信号（或用与被测信号相关的其他信号）去控制时基电路中的扫描发生器，以迫使 $Tn=nTs$，这个过程叫同步。利用同步的方法，能使扫描发生器在一定的频率范围内，保持 $Tn=nTs$ 的关系。

2. 触发扫描　当研究脉冲过程时，一般连续扫描就不适用了，特别是持续时间与重复周期比（τ/Ts）很小的脉冲信号，问题就更为突出。那么，利用连续扫描来显示脉冲波形会出现什么问题呢？让我们通过图 5-5 来说明脉冲波形的显示过程。

当利用连续扫描来显示图 5-5（a）的脉冲波形时，有以下两种可能的选择：

第一，选择扫描周期 Tn 等于脉冲重复周期 Ts，如图 5-5（b）所示。屏幕上出现的脉冲波形集中在时间基线的起始部分，即波形在水平方向被压缩，以至于难以看清脉冲波形的细节，特别是上升时间。

第二，选择扫描周期 Tn 等于脉冲底部宽度 τ，如图 5-5（c）所示。此时扫描具有这样的特点，即在一个脉冲周期内，光点在水平方向完成多次扫描中，只有一次扫描出脉冲波形，结果在屏幕上显示的脉冲波形本身非常暗淡，而时间基线很明亮。这样，不仅给观测带来困难，而且扫描同步也很难实现。

利用触发扫描可以解决上述脉冲波形测量的困难。触发扫描的特点是只有在被测脉冲到来时才扫描一次，如图 5-5（d）。所以，工作在触发扫描方式下的扫描发生器，平时处于等待工作状态，只有送入触发脉冲时才产生一个扫描电压。

利用触发扫描可以在屏幕上得到一个展宽的脉冲波形，而不显示出时间基线。只要选择扫描电压的持续时间等于或大于脉冲底部宽度，脉冲波形就可得到展宽。同时，由于在两个脉冲间隔时间内没有扫描，故不会产生时间基线。

实际上，根据测量需要，触发扫描发生器也可调节在连续扫描方式下工作。所以，现代通用示波器的基本结构如图 5-1 所示。

被测信号加到"Y"输入端，经输入衰减器和"Y"放大器，并通过延迟线加到示波管的垂直偏转板，构成通用示波器的"Y"通道。这里，延迟线的作用是为了更好地观察脉冲波形的上升沿。

在"X"通道上，设有触发信号的内、外选择开关，表明触发扫描发生器既可以由内部信号触发，也可以由外部信号触发。每触发一次，便产生一次扫描，从而完成触发扫描工作。

触发扫描发生器在输出一个扫描电压的同时，还输出一个增辉脉冲加到示波管的控制栅极，以起增辉的作用。这是从触发扫描的特点考虑的，因为当触发扫描发生器处于等待状态时，无扫描电压输出，即这时屏幕上没有时间基线，只有一个光点，这个光点长久集中在屏幕上是不允许的。所以，在无信号输入时，我们总是把这个光点调暗些，以保护屏幕。增辉脉冲和扫描同时出现，这样，一旦加入被测信号，利用增辉脉冲使屏幕上波形的亮度自动增大。

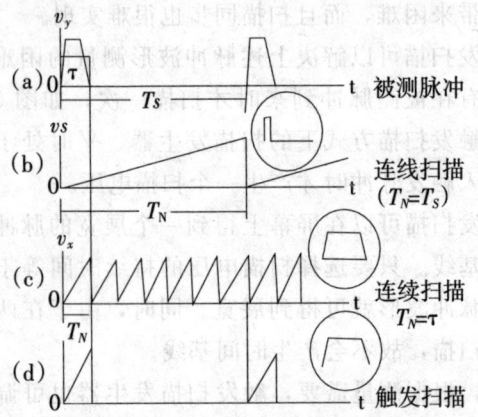

图 5-5　连续扫描和触发扫描的比较

三、时基电路

时基电路是示波器"X"通道的重要组成部分，时基电路的功能是产生一个与时间呈线性关系的扫描电压，以便获得时间基线。为了保证在屏幕上扫描出稳定的信号波形，由时基电路产生的扫描电压必须与被测信号同步。

典型的时基电路一般由 4 个部分组成，即扫描门、积分器（扫描电压发生器）、电压比较器和释抑电路。这些电路的具体结构和工作原理我们就不介绍了。

第三节　示波器的使用方法及注意事项

一、示波器的使用方法

示波器的种类繁多，使用和操作方法各异，使用前一定要认真阅读使用说明书，了解和掌握正确的使用方法。这里仅就通用示波器的使用方法做以介绍。

（一）使用前的自校

示波器在长期搁置未用或首次使用时，必须进行自校。一般通用示波器都备有自校用的标准信号输出端，其波形为幅度确定的方波。示波器接好探头，接通电源，经预热后调节"辉度""聚焦"旋钮，使亮度适中，聚焦最佳。将"Y"（对双踪示波器是 Y_1 或 Y_2）轴探头接到标准信号输出端，调节"触发电平"使波形稳定，再调节"Y"轴增益和位移，屏幕上波形幅度及位置应随之变化，使 V/div（伏/每格）达到预定值，然后，从标准信号输出端上取下探头，就可以对被测信号进行测量了。

（二）单踪显示

对单踪示波器或双踪示波器的某一通道，自校后将探头改接到被测信号处，调节面板上的开关、旋钮，如"Y"轴的 V/div、"X"轴的 t/div、触发电平等，使屏幕上显示的波形稳定。根据自校时的定标，就可以进行观察和测量了。

（三）双踪显示

将"垂直方式"开关置于 Y_1、Y_2 处，Y_1、Y_2 探头分别接两路被测信号，调节 Y_1、Y_2 的"位移"旋钮，使屏幕上显示的两路信号波形位置错开，以便于观察。应当注意，双踪显示时，被测的两路信号之间有一定的时间关系，这样才能保证两路波形同时稳定。触发信号可以选择 Y_1 或 Y_2，若被测信号的频率与电源有关，也可以选电源触发。

（四）触发方式选择

将触发方式选择开关搬向"外"，并在外触发信号输入端接入外触发信号，这时示波器就工作在外触发同步状态。对某些脉冲信号的观测和测量，外触发还是很有用处的。

示波器不仅可以观测和测量电压信号，而且可以测量频率、周期、脉冲宽度及相位等。所以，示波器是一种最常用、最基本的电子仪器，其使用方法也因测量对象的不同而有所不同，这里就不再介绍了。只有在实践中经常使用、不断学习、不断总结，才能熟练掌握示波器的使用方法。

二、使用时的注意事项

第一，使用前，应检查电源电压是否符合 220V（±10%）。

第二，避免在阳光直射下或明亮处使用示波器。如果受工作条件所限，无法避开强光源的照射，可采用遮光罩进行测试。注意示波器的辉度要适中，不宜过亮；光点不宜长时间停留在同一点上，以免烧坏荧光屏。

第三，对波形进行定量观测时，应尽量在屏幕的中心区域进行，以减小测量误差。

第四，被测信号电压的峰值不应超过示波器输入端允许的最大电压。

第五，示波器在使用中特别要注意避免振动和冲击。

第六，示波器在使用中如果出现异常情况，如异常声音和异味等，就应立即关断电源，请维修部门进行检查，不要随意拆修。

第七，不应使用去掉外壳或屏蔽罩的示波器，以免发生人身意外事故或影响测量的精度。另外，示波器在强磁场作用下，会引起显著的波形失真，所以不宜在强磁场附近使用。

第四节　常用示波器的主要性能

现将常用示波器的主要性能介绍给大家，见表 5-1，以供参考。

表 5-1　常用示波器主要性能一览表

型号与名称	带　宽	偏转因数	工作方式	时基因数	备　注
XJ18 慢扫描示波器	DC～ 1MHz	10 mV/div～ 5 V/div	常　态	5μ s/div～ 20 s/div	长余辉、单次常态扫描
ST16 通用示波器	DC～ 5 MHz	20 mV/div～ 10 V/div	常　态	0.1μ s/div～ 10 ms/div	屏幕尺寸： 6×10div
SJ16 通用示波器	DC～ 7 MHz	10 mV/div～ 5 V/div	常　态	0.1μ s/div～ 10 ms/div	屏幕尺寸： 6×10div

型号与名称	带　宽	偏转因数	工作方式	时基因数	备　注
SJ17 通用示波器	DC～ 10 MHz	10 mV/div～ 5 V/div	常　态	0.05μs/div～ 0.2 s/div	屏幕尺寸： 6×10div
SR8 双踪示波器	DC～ 15 MHz	10 mV/div～ 20 V/div	YA、YB、 YA+YB 交替、断续	0.2μs/div～ 1 s/div	屏幕尺寸： 6×10div
XJ4316 双踪示波器	DC～ 20 MHz	5 mV/div～ 5 V/div	YA、YB、 双　踪 YA+YB	0.2μs/div～ 0.5 s/div	常态、单次、 X－Y扫描
BS4340 双踪示波器	DC～ 35 MHz	2 mV/div～ 10 V/div	YA、YB、 双　踪 YA+YB	0.1μs/div～ 0.5 s/div	常态、单次、 X－Y扫描
SR37 双踪双 扫描示波器	DC～ 100 MHz	10 mV/div～ 10 V/div	YA、YB、 YA+YB 交替、 断续	A：50ns/div～ 0.5s/div B：50ns/div～ 10 ms/div	A 扫 描 能 加亮 B 扫 描 能 组合
SR72 双踪双扫描 宽带示波器	DC～ 200 MHz	10 mV/div～ 5 V/div	YA、YB、 YA+YB 交替、 断续	A：20ns/ div～0.5s/div B：20ns/div～ 10 ms/div	A 扫 描 能 加亮 B 扫 描 能 组合
DC4460 记忆示波器	DC～ 10 MHz	10 mV/div～ 5 V/div	记忆，可 变余辉， 常态	0.5μs/div～ 2 s/div	
SJ6 双踪记忆 示波器	DC～ 30 MHz	10 mV/div～ 5 V/div 扩展×5		0.1μs/div～ 2 s/div	记忆速度为 2div/μs，低 频清晰显示

续表

型号与名称	带　宽	偏转因数	工作方式	时基因数	备　注
NH4461 双踪双扫 记忆 示波器	DC～ 60 MHz	10 mV/div		5 ns/div	记忆速度为 100div/μs， 存储时间 3h～7d
SQ12A 取样 示波器	DC～ 1 GHz	5～ 200 mV/div		10ps/div～ 50μ s/div	有常态、准备、 单次、记忆手 动等扫描式
SQ10 取样 示波器	DC～ 1 GHz	1 mV/div～ 200 V/div		100ps/div～ 500μ s/div	有正常、手动、 复位、记忆等 扫描方式
TDS320 数字示波器	DC～ 100 MHz	2 mV/div～ 10 V/div	采样率： 500 mS/S	记录长度： 1K	单次带宽： 100 MHz

复习思考题

1. 了解示波器的组成及用途。

2. 通过实验掌握示波器的正确使用方法。

第六章 直流稳压电源

第一节 概述

一、直流稳压电源的结构

绝大多数电子仪器、民用电器都需直流供电。常见的直流供电方式有以下几种：

1. 电池供电 多用于便携式电子仪器（如电脑粮食水分测试仪、电子血压计等）和袖珍式民用电器（如便携式晶体管收音机、计算器等）。电池供电的优点是体积小、重量轻、便于携带；缺点是使用寿命短，经常更换电池而增加使用成本。

2. 蓄电池供电 适用于不便用交流供电而又需经常移动的场合，如摩托车、汽车等。其优点是可以提供较大的启动电流；缺点是保养、维修费用高，且使用寿命短。

3. 直流发动机供电 多用于电解、电镀和直流电焊机。优点是功率大、成本低，缺点是体积大、噪声大、电压不稳定。因此，不能为精密的电子仪器仪表供电。

4. 直流稳压电源 把交流市电经整流、滤波、稳压后，得到稳定的直流电，可以为精密的电子仪器仪表和家用电器供电，是目前使用最广泛、最经济实惠的直流电源。

小功率直流稳压电源的结构可以用图 6-1 来表示，它由电源变压器、整流电路、滤波电路和稳压电路 4 部分组成。

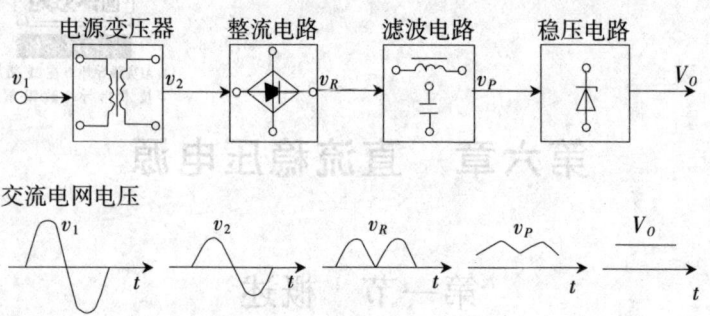

图 6-1　直流稳压电源的结构框图

电源变压器是将交流电网 220V 的电压变为所需要的电压，然后通过整流电路将交流电压变成脉动的直流电压。由于此脉动的直流电压还含有较大的纹波，必须通过滤波电路加以滤除，从而得到平滑的直流电压，但这样的电压还随电网电压波动（一般有 ±10% 的波动）、负载和温度的变化而变化，因此在整流电路、滤波电路之后，还需接稳压电路。稳压电路的作用是当电网电压波动、负载和温度变化时，维持输出直流电压的稳定。

二、直流稳压电源的技术指标

稳压电源的技术指标分为两种：一种是特性指标，包括允许的输入电压、输出电流及输出电压调节范围等。允许输入电压是指稳压电路允许输入直流电压的范围，稳压电路的输入电压，即整流电路、滤波电路的输出电压。输入电压过小，稳压电路将失去稳压功能；输入电压过大，可能造成稳压电路的击穿损坏。允许输出电流是稳压电路可以向负载提供的最大电流，正常工作情况下，输出电流不得超过此值，否则会造成稳压电源因过热而损坏。有些稳压电源的输出电压是可调的，其最大的输出电压为 V_{omax}，最小的输出电压为 V_{omin}，则输出电压的调节范围为 $V_{omin} \sim V_{omax}$。输出电压和输出电流的乘积即输出功率，保证稳压电源长期安全工作而不损坏的最大输出功率称为额定输出功率。

稳压电源的另一种技术指标是质量指标，用来衡量输出直流电压的稳定度，包括稳压系数、输出电阻、温度系数及纹波电压等。这些质量指标的含义可简述如下：

稳压系数是在输出电流和温度恒定的条件下，输出电压的相对变化与输入电压的相对变化之比，用符号 γ 表示，即

$$\gamma = (\triangle V_o/V_o) / (\triangle V_I/V_I) \Big|_{\triangle I_o=0、\triangle T=0}$$

输出电阻用 R_o 表示，是在温度和输入电压不变的情况下，输出电压的变化和输出电流的变化量之比，即

$$R_o = \triangle V_o/\triangle I_o \Big|_{\triangle V_I=0、\triangle T=0} \quad (\Omega)$$

R_o 反映负载电流 I_o 的变化对输出电压 V_o 的影响。

温度系数反映温度对输出电压的影响，用符号 S_T 表示，定义为：

$$S_T = \triangle V_o/\triangle T \Big|_{\triangle I_o=0、\triangle V_I=0} \quad (mV/℃)$$

上述 γ、R_o、S_T 等参数越小，输出电压越稳定。在介绍直流稳压电源的性能时，还经常用到"纹波电压"的概念，它是指稳压电路输出端交流分量的有效值，用符号 V_{Ly} 表示，一般为毫伏数量级，它表示输出电压的微小变化。应当指出，稳压系数 γ 较小的稳压电路，其输出的纹波电压一般也比较小。

第二节　整流及滤波电路

一、整流电路

整流电路的任务是将交流电变成直流电。完成这一任务主要是靠二极管的单向导电性，因此二极管是构成整流电路的关键元件。在小功率整流电路中（1kW 以下），常见的整流电路有单相半波、全波、桥式、倍压整流和三相半波整流电路等。下面就简单介绍常用整流电路的结构及工作原理。为简单起见，电路中所用的二极管都看成理想二极管，即正向导通电阻为零，反向截止

电阻为无穷大。

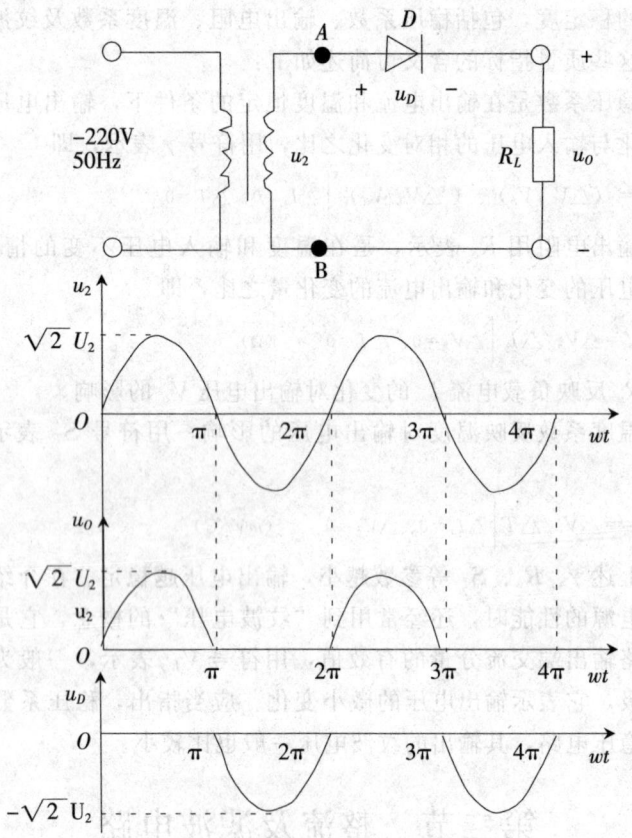

图 6-2 半波整流电路及其波形图

（一）单相半波整流电路

单相半波整流电路及其波形图如图 6-2 所示。

1. 工作原理 变压器将电网电压 u_1 变成所需电压 u_2，在 u_2 正半周，二极管 D 导通，负载 R_L 上得到输出电压 u_L，u_2 的负半周，D 截止，负载上没有电压。半波整流的波形如图 6-2 所示。由于这种电路只利用正弦波的一半，故称为半波整流。

2. 负载上的直流电压 V_L 和直流电流 I_L 的计算 经定量分析

和计算，可得负载上整流电压的平均值为：

$$V_L = (\sqrt{2}/\pi) \times V_2 = 0.45V_2$$

式中，V_2 是变压器次级电压的有效值。负载中的直流电流为：

$$I_L = V_L/R_L = 0.45V_2/R_L$$

3. 整流元件参数的计算　在半波整流电路中，二极管与负载是串联的，所以

$$I_D = I_L = 0.45V_2/R_L$$

二极管两端承受的最大反向电压为 u_2 的峰值，即

$$V_{DRM} = \sqrt{2}V_2 = 1.4V_2$$

根据这些参数就可以选择二极管。

单相半波整流电路的优点是电路简单，成本低；缺点是电源利用率低（只利用正弦波电压的一半），纹波电压大，只适用于要求不高的小功率场合，现以很少采用。

（二）单相全波整流电路

单相全波整流电路根据电路结构的不同，又可分为全波整流和桥式整流两种。两者电路结构不同，但整流波形及各项参数基本相同。电路及波形图如图 6-3 所示。下面分别介绍其工作原理和参数的计算：

1. 全波整流电路电路结构及波形图　如图 6-3（a）、6-3（c）所示。

（1）工作原理　u_2 正半周，二极管 D_1 导通，D_2 截止，负载电流 i_L 由上至下流过负载 R_L。u_2 负半周，二极管 D_2 导通，D_1 截止，负载电流 i_L 仍然是由上至下流过负载 R_L。可见，一个周期之内都有电流以相同方向流经负载，所以在负载上得到直流电压输出。

（2）负载上的直流电压 V_L 和直流电流 I_L 的计算　与半波整流相比较，可见：

$$V_L = (2\sqrt{2}/\pi) \times V_2 = 0.9V_2$$

$$I_L = V_L / R_L = 0.9 V_2 / R_L$$

（3）整流元件参数的计算　由于现在是两个二极管交替的工作，所以

$$I_{D1} = I_{D2} = 0.5 I_L = (0.5 \times 0.9 V_2) / R_L = 0.45 V_2 / R_L$$

二极管两端承受的最大反向电压为 u_2 峰值的 2 倍。因为对截止的二极管而言，变压器次级两个绕组的电压串联之后加在其上，即

$$V_{DRM} = 2\sqrt{2} V_2 = 2.8 V_2$$

全波整流电路的优点是电路简单，使用二极管少，纹波电压小，输出电压高；缺点是电源变压器次级增加一个绕组，体积大、成本高，而且使二极管的最大反向电压提高了一倍。

2. 桥式整流电路　桥式整流电路如图 6-3（b）。

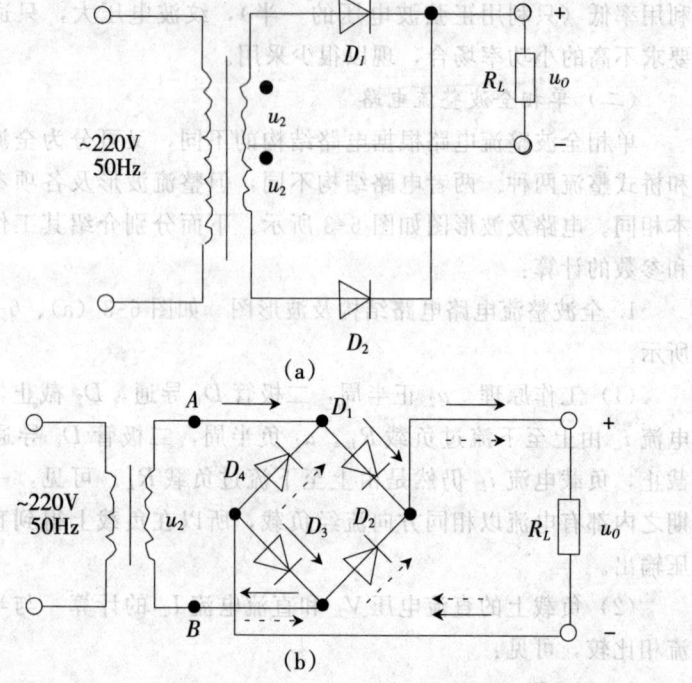

（a）

（b）

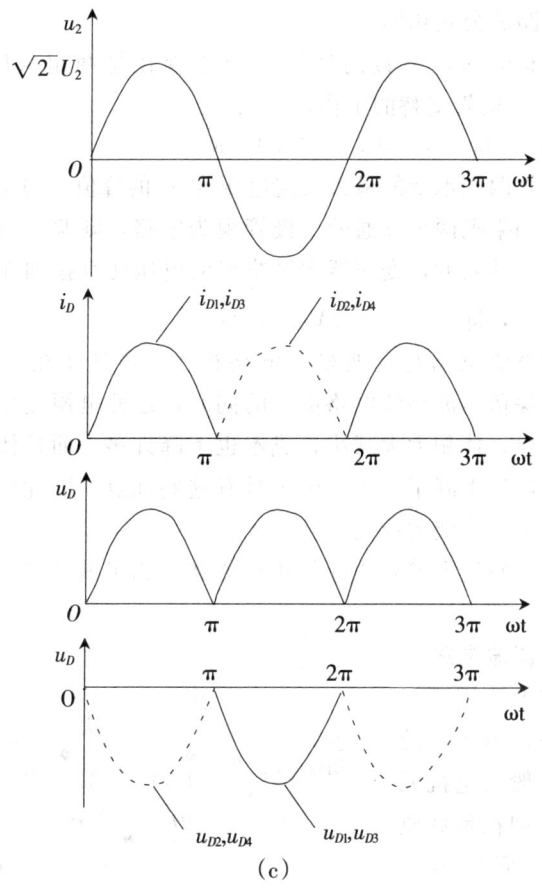

（c）

图 6-3　全波整流电路及波形图

（a）单向全波　　（b）单向桥式　　（c）全波整流波形图

（1）工作原理　u_2 正半周，二极管 D_1、D_3 导通，D_2、D_4 截止，负载电流 i_L 由上至下流过负载 R_L。u_2 负半周，二极管 D_2、D_4 导通，D_1、D_3 截止，负载电流 i_L 仍然是由上至下流过负载 R_L。可见，一个周期之内都有电流以相同方向流经负载，所以在负载上得到直流电压输出。

（2）负载上的直流电压 V_L 和直流电流 I_L 的计算　与单向全

波整流电路的公式相同。

（3）整流元件参数的计算　由于现在是两组（D_1、D_3 和 D_2、D_4）二极管交替的工作，所以

$$I_{D1} = I_{D2} = I_{D3} = I_{D4} = 0.5I_L = 0.45V_2/R_L$$

二极管两端承受的最大反向电压为 u_2 的峰值，与半波整流电路相同。如果把两个导通的二极管视为短路，则两个截止的二极管相当于是并联的，变压器次级绕组的电压便直接加在截止的两个二极管上，即 $V_{DRM} = \sqrt{2}V_2 = 1.4V_2$。

桥式整流电路与全波整流电路相比，虽然多用了两个二极管，但在保留全波整流电路优点的同时，还使电源变压器次级只有一个绕组，体积大大减小，成本也下降许多，而且使二极管的最大反向电压下降了一半。由于具有这些优点，因此桥式整流电路得到了颇为广泛的应用。

小功率整流电路还包括倍压整流和三相半波整流电路，这里就不过多介绍了。

二、滤波电路

滤波电路用于滤去整流输出电压中的纹波，一般由电抗元件组成，如在负载电阻两端并联电容器 C，或与负载串联电感器 L，以及由电

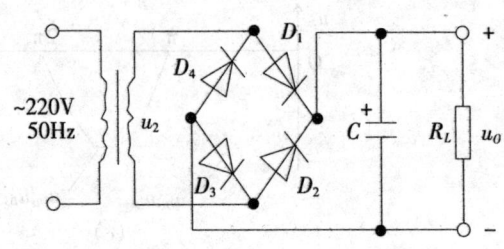

图 6-4　桥式整流、电容滤波电路

容、电感组合而成的各种复式滤波电路等。这里仅就电容滤波电路做些介绍。

图 6-4 为单相桥式整流、电容滤波电路。在分析电容滤波电路时，要特别注意电容两端电压 v_C 对整流元件导电的影响，整流元件只有受正向电压作用时才导通，否则便截止。图 6-5 是其电压、电流波形图。

负载 R_L 未接入时的情况：设电容器两端初始电压为零，接入交流电源后，当 u_2 为正半周时，u_2 通过 D_1、D_3 向电容器 C 充电；u_2 为负半周时，经 D_2、D_4 向电容器 C 充电，充电的时间常数为 $\tau_c = R_{int}C$，其中 R_{int} 包括变压器次级绕组的直流电阻和二极管的正向电阻。R_{int} 一般很小，电容器很快就充到交流电压 u_2 的最大值（$\sqrt{2}V_2$），极性为上"＋"下"－"。由于电容器无放电回路，故输出电压（电容器两端电压 v_C）保持 u_2 的峰值，输出为一个恒定的直流电压。如图 6-5 纵坐标左侧所示。

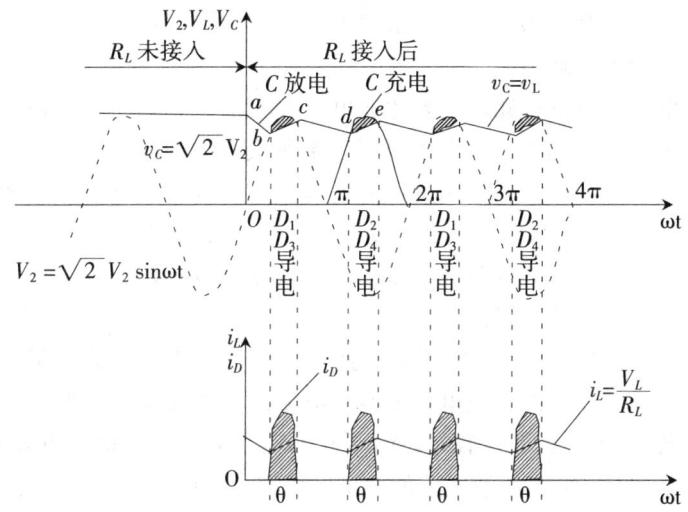

图 6-5 桥式整流、电容滤波时的电压、电流波形

接入负载 R_L 时的情况：设变压器次级电压 u_2 从 0 开始上升（正半周开始）时接入负载 R_L，由于电容器在负载未接入前充了电，故刚接入负载时 $u_2 < v_C$，二极管受反向电压作用而截止，电容器 C 经 R_L 放电，放电的时间常数为 $\tau_d = R_L C$，因 τ_d 一般较大，故电容两端电压（输出电压）缓慢下降，如图 6-5 的 ab 段所示。与此同时，交流电压按正弦规律上升。当上升至超过电容电压 v_C 时，二极管 D_1、D_3 因受正向电压作用而导通，此时电源电压经

二极管 D_1、D_3，一方面向负载 R_L 提供电流，另一方面向电容器 C 充电［接入负载后的充电时间常数 $\tau_c = (R_L // R_{int}) \cdot C \approx R_{int} \cdot C$，更小］，电容电压 v_C 将如图 6-5 中的 bc 段，图中 bc 段上的阴影部分为电路中的电流在整流电路内阻 R_{int} 上产生的压降。v_C 随着交流电压升高接近最大值（$1.4V_2$）。然后，交流电又按正弦下降，当下降到小于 v_C 时，二极管受反向电压作用而截止，电容器 C 又经 R_L 放电，如图中的 cd 段。电容器 C 如此周而复始地进行充、放电，负载上便得到如图所示的一个近似锯齿波的输出电压 $v_L = v_C$，使负载上的电压和没有电容滤波时相比，幅度明显增加，波动大为减小。

由以上分析可知，电容滤波电路有如下特点：一是二极管的导通角 $\theta < \pi$，流过二极管的瞬时电流很大，如图 6-5 所示。在选择整流二极管时，应考虑这种冲击电流的影响。二是负载上的直流平均电压 V_L 升高，纹波（交流成分）减小，且 $R_L C$ 越大，电容放电速率越慢，则负载电压中的纹波成分越小，负载平均电压越高。为了得到平滑的负载电压，一般取 $\tau_d = R_L C \geqslant (3 \sim 5) T/2$，式中 T 为交流电源的周期。此式可作为确定电容器容量的依据。三是负载上的直流电压随负载电流的增加而减小。当 C 值一定，若 $R_L = \infty$，即空载时，$V_L = 1.4V_2$；当 $C = 0$，即无电容时，$V_L = 0.9V_2$。电容滤波电路的输出电压 V_L 与 V_2 的关系约为：$V_L = (1.1 \sim 1.2) V_2$。通常取 $V_L = 1.2V_2$，可根据此式确定变压器次级绕组的电压值。

总之，电容滤波电路简单，输出直流电压 V_L 较高，纹波也较小；缺点是输出特性较差，故适用于负载电压较高、负载变化不大的场合。

除电容滤波电路，常用的还有电感滤波电路、π 型 RC 滤波电路和 π 型 LC 滤波电路等，其中以 π 型 LC 滤波电路的性能最佳。此处就不过多介绍了。

三、整流及滤波电路元件的选择

（一）整流元件的选择

整流电路的元件只有变压器和整流二极管。在选择或加工变压器时，首先要看变压器的容量（额定功率）是否满足整流电路的要求，其次注意变压器的初、次级电压是否符合电网电压和整流电路的要求。在确定变压器次级电压时，考虑到变压器内阻等损耗，一般多加 5％ 的余量。另外，对变压器的绝缘是否合格、外观及浸漆处理是否良好、引出端子是否牢固，以及变压器的体积、形状、固定方式等是否符合要求，都要认真检查，避免造成损失和浪费。

选择整流二极管，可根据上述整流元件参数的计算公式来进行。公式中的 I_D 值是流过二极管电流的平均值，在选择二极管时应考虑一定的安全系数，一般取 $I_{DM}=（1.5\sim2）I_D$。在选择二极管的最大反向工作电压时，也要留有 $1.5\sim2$ 倍的余量，即 $U_{RM}=（1.5\sim2）V_{DRM}$。在不增加成本的情况下，应尽量选择电流和电压大一些的二级管，这样更安全可靠。

（二）滤波电容器的选择

滤波电容器容量的选择，可根据公式 $\tau_d=R_LC\geqslant（3\sim5）T/2$。我们国家电网的频率为 $50\,\mathrm{Hz}$，周期 $f=1/50（S）=20（mS）$，所以，$\tau_d=（3\sim5）T/2=（30\sim50）mS$。这样，在 R_L 已知的情况下，就可以确定电容器 C 的容量了。在条件（成本和体积）允许时，电容器的容量可以选择大一些，这样滤波效果更好。

滤波电容器除了容量的选择，还要注意电容器的耐压。对于上述桥式整流、电容滤波电路而言，电容与负载并联，所以 $V_C=V_L$，考虑到安全系数，可取 $V_C=（1.5\sim2）V_L$。

电容器的容量和耐压是按规定的标准系列进行生产的。确定了电容器的容量和耐压后，在规定的产品系列中，选用标称值就可以了。

为了使同学们更好地掌握整流、滤波电路元件的选择方法，下面我们做一道例题：

例题：单相桥式整流、电容滤波电路如图6-3。已知交流电源频率 $f = 50\text{Hz}$，要求直流输出电压 $V_L = 30\text{V}$，负载电流 $I_L = 50\text{mA}$。

试求：变压器次级电压的有效值，选择整流二极管及滤波电容器。

解：1. 变压器次级电压的有效值

在公式 $V_L = (1.1 \sim 1.2) V_2$ 中，取系数为 1.2，则 $V_2 = V_L / 1.2 = 30/1.2 = 25\text{V}$。

2. 选择整流二极管

流经二极管的平均电流 $I_D = I_L/2 = 50/2 = 25\text{mA}$。

二极管承受的最大反向电压 $V_{DRM} = 1.4 V_2 = 1.4 \times 25 = 35\text{V}$。

考虑到安全系数和二极管产品系列，选用 2CZ51D 整流二极管（$I_{DM} = 50\text{mA}$，$U_{RM} = 100\text{V}$），也可选用 QL-1 型硅整流桥堆（特性为 $I_F = 50\text{mA}$，$V_{RF} = 100\text{V}$）。

3. 选择滤波电容器

负载电阻 $R_L = V_L/I_L = 30/50 = 0.6\ \text{k}\Omega$，在 $R_L C = (3 \sim 5) T/2$ 的公式中，取系数为 4，则 $R_L C = 4T/2 = 2/50 = 0.04\text{S}$，所以 $C = 0.04\text{S}/R_L = 0.04\text{S}/600\Omega = 66.6\ \mu\text{F}$，考虑到安全系数和电网电压允许有 $\pm 10\%$ 的波动，按电容器生产的标称系列可选用 $68\mu\text{F}/50\text{V}$ 的电解电容器。电解电容器是有正、负极性的，使用时不可接错。

第三节　稳压电路

一、并联型稳压电路

由稳压管 D_Z 和限流电阻 R 所组成的稳压电路是一种最简单的直流稳压电源，如图 6-6 中虚线框内所示。其输入电压 U_I 是整流滤波后的电压，输出电压 U_O 就是稳压管的稳定电压 U_Z，R_L

是负载电阻。由于稳压管和负载是并联的，所示称为并联型稳压电路。

从图中稳压管的伏安特性中可以看出，在稳压管稳压电路中，只要能使稳压管始终工作在稳压区，即保证稳压管的电流 $I_Z \leqslant I_{DZ} \leqslant I_{ZM}$，输出电压 U_O 就基本稳定。

引起输出电压不稳定的原因是交流电源电压的波动和负载的变化。下面分析在这两种情况下的稳压原理。例如，当交流电源电压增加而使整流输出电压 U_I 随之增加时，负载电压 U_O 也要增加。U_O 即为稳压管两端电压 U_Z，U_Z 稍有增加，根据稳压管的伏安特性，将使稳压管的电流急剧增加，因此电阻 R 上的压降增加，以抵消 U_I 的增加，从而使负载电压 U_O 保持近似不变。相反，当交流电源电压减小而使整流输出电压 U_I 随之降低时，负载电压 U_O 也要减小，将使稳压管的电流急剧减小，因此电阻 R 上的压降减小，从而使负载电压 U_O 基本保持不变。同理，如果电源电压保持不变，而是负载变化引起输出电压的改变时，上述稳压电路就仍能起到稳压的作用。例如，当负载电流增大（R_L 减小），电阻 R 上的压降增大，负载电压 U_O 因而下降。只要 U_O 下降一点儿，稳压管电流就急剧减小，抵消了负载电流的增加，通过电阻 R 的电流和电阻上的压降基本保持不变，负载电压 U_O 也就近似稳定不变。当负载电流减小时，稳压过程相反。

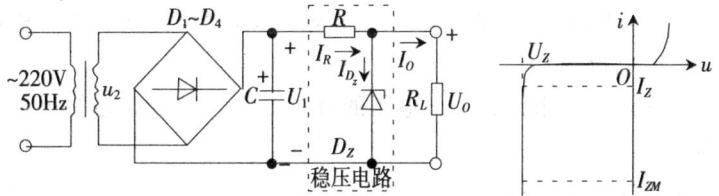

图 6-6 稳压管稳压电路及稳压管的伏安特性

并联型稳压电路设计，一般应满足

$$U_I = （2 \sim 3） U_O$$

$$I_{zmax} = （1.5 \sim 3） I_{Omax}$$

$$U_O = U_Z$$

并联型稳压电路的优点是电路简单，所用元件数量少，但是因为受稳压管自身参数的限制，其输出电流小，输出电压不可调，因此只适用于负载电流较小、负载电压不变的场合。

二、串联型稳压电路

串联型稳压电路以稳压管稳压电路为基础，利用晶体管的电流放大作用，增大负载电流，电路中引入深度电压负反馈，使输出电压稳定。并且，通过改变反馈网络参数，使输出电压连续可调。由于调整管和负载是串联的，故称为串联型稳压电源。

图 6-7 是具有放大环节的串联型稳压电路，由调整管 T、基准电压 V_{REF}（R 和稳压管 D_Z）、比较放大器 A 及取样电路（R_1、R_2 和 R_3）4 个基本部分构成。下面简单介绍其工作原理：

如果因某种原因（电网电压波动或负载变化）使输出电压 U_O 升高（或降低），取样电路将这一变化送到 A 的反相输入端，并与同相输入端的基准电压 V_{REF} 进行比较放大，A 的输出电压，即调整管的基极电位降低（或升高），因为调整管 T 是射极输出形式，所以输出电压 U_O 必然降低（或升高），从而使 U_O 得到稳定。

自动调整过程如下：

$$\text{或} \begin{cases} U_O \uparrow \to U_N \uparrow \to U_B \downarrow \to U_O \downarrow \\ U_O \downarrow \to U_N \downarrow \to U_B \uparrow \to U_O \uparrow \end{cases}$$

式中，U_N 是比较放大器 A 反相输入端的电位，U_B 是调整管 T 基极的电位。

下面，我们来计算输出电压的调整范围。对于理想的运算放大器

$$U_P = U_N = V_{REF}$$

式中，U_P 是比较放大器 A 同相输入端的电位。所以，当电位器 R_2 的滑动端在最上端时，输出电压最小，为：

$$U_{omin} = \{ (R_1 + R_2 + R_3) / R_2 + R_3 \} \times V_{REF}$$

当电位器 R_2 的滑动端在最下端时，输出电压最大，为

$$U_{omax} = \{ (R_1 + R_2 + R_3) / R_3 \} \times V_{REF}$$

例如，$R = R_2 = R_3 = 300\Omega$，$V_{REF} = 6\text{V}$，则输出电压的调整范围为：$9\text{V} \leqslant U_O \leqslant 18\text{V}$。

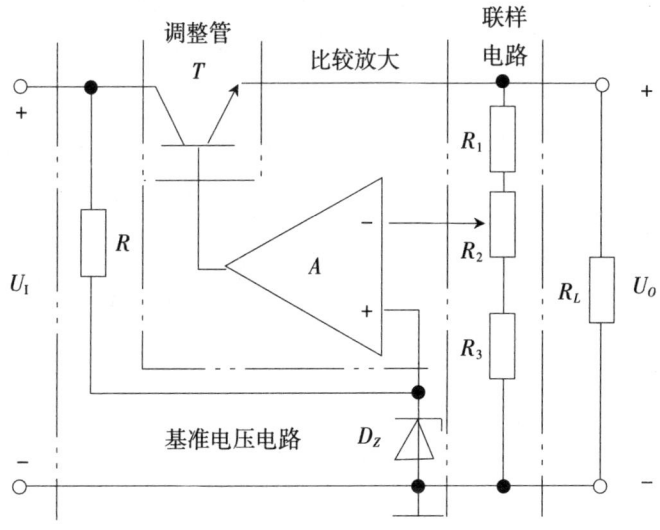

图 6-7　串联型稳压电路